Vivian Böllersen

Revival der Walnuss

Neues und altes Wissen zum Walnussanbau in Deutschland

OLV Organischer Landbau Verlag
Kurt Walter Lau

OLV
Fachverlag für
Garten und Ökologie

Bibliografische Information der Deutschen Nationalbibliothek
Die Deutsche Nationalbibliothek verzeichnet diese Publikation in der Deutschen Nationalbibliografie; detaillierte bibliografische Daten sind im Internet über http://dnb.d-nb.de abrufbar.

 OLV Organischer Landbau Verlag Kurt Walter Lau
Im Kuckucksfeld 1, 47624 Kevelaer, info@olv-verlag.de, www.olv-verlag.eu
Satz: Danka Wijnhoven, OLV
Druck: Interpress

ISBN 978-3-922201-95-3

FSC
www.fsc.org
MIX
Papier aus verantwortungsvollen Quellen
FSC® C114504

Klimaneutral
Druckprodukt
ClimatePartner.com/12667-1907-1001

Inhalt

Vorwort

Was macht *Juglans regia*, die Echte Walnuss, zu einem so verlockenden Thema? Für mich war es zunächst einmal die Vermutung, dass das ökonomische Potenzial der Walnuss in Deutschland bei Weitem nicht ausgeschöpft ist. Die Tatsache, dass es nur wenige deutsche Untersuchungen und Veröffentlichungen zu dem Thema gibt, und die Neugier herauszufinden, weshalb die Walnuss dermaßen in den Hintergrund landwirtschaftlich-forstlicher Bemühungen gerutscht ist, waren das Startkapital zu meiner Masterarbeit an der Hochschule für nachhaltige Entwicklung Eberswalde.

Mit der Erkenntnis, dass Walnüsse gerade in Deutschland einen hohen Erhaltenswert haben und ihr Anbau nur wieder „in Gang" gebracht werden muss, entschied ich mich, meine Masterthesis einem breiteren Publikum zugänglich zu machen. Denn wie ich feststellte, ist die Faszination für den Walnussbaum keineswegs neu, vielmehr hat sie eine lange Tradition in Deutschland:

Schon in „Die Leiden des jungen Werthers" lässt GOETHE durch die Naturbegeisterung des Protagonisten besonders die Walnussbäume hochleben. Im Biedermeier war sie eines der gefragtesten Holzarten überhaupt. Seit dem Christentum ist sie fester Bestandteil unserer kulturellen Bräuche und Ernährungsweisen und findet in heutiger Zeit dank steigendem Gesundheitsbewusstsein der Bevölkerung immer häufiger Einzug in deutsche Küchen, Büros, Wohn- und Kinderzimmer: kein Nikolausteller, kein Nussbecher, kein Studentenfutter ohne Walnüsse.

Besonders im süddeutschen Raum und in den Weinbauregionen hat sich der Walnussbaum zudem als festes Element des Landschafts- und Siedlungsbildes etabliert. Er wächst als buschartiger Halbstamm an Waldrändern oder als imposanter Solitär in freier Flur wird zum hochstämmigen Alleebaum erzogen und nach wie vor besonders gerne als Haus- und Hofbaum gepflanzt, wobei er ebenso zahlreiche Grundstücke und Kleingartenkolonien im städtischen Bereich auch in Nordostdeutschland ziert und selbst an den Küsten als Einzelbaumpflanzung beliebt ist. Vom Erscheinungsbild her könne man den „Walnussbaum als Charakterbaumart für eine ländlich geprägte, alte Kulturlandschaft" bezeichnen, so der ehemalige bayrische Staatsminister für Landwirtschaft und Forsten JOSEF MILLER 2008.

In diesem Jahr bestimmte nämlich das Kuratorium „Baum des Jahres" die Walnuss als „bekannte Unbekannte" zum Träger dieses Titels. Im Rahmen der daraus hervorgehenden Veranstaltungen und Vorträge wurde die Walnuss als „Multitalent" geehrt, das neben seiner ökologischen Bedeutung die vielseitigsten ökonomischen Leistungen erbringe: Ob in Forstwirtschaft, Holzindustrie oder Stadtbegrünung, ob im Obstbau zur Nuss- oder in der chemischen Industrie zur Gerb- und Farbstoffgewinnung – nahezu jedes Organ der Walnuss könne einer wirtschaftlichen Verwertung zugeführt werden. Hinzu komme ihre möglicherweise zukunftsweisende Anpassungsfähigkeit, denn die wärmebedürftige Walnuss komme bei uns voraussichtlich besser als manch andere Baumart mit der erwarteten Klimaerwärmung zurecht und werde daher wohl auch als Waldbaumart an Bedeutung gewinnen, so das Kuratorium.

„Heimische Exoten sind bei der Entwicklung von Anpassungsstrategien an den Klimawandel der Landesregierungen bekannte Untersuchungsfelder", so die Staatssekretärin JACQUELINE KRAEGE vom Ministerium für Umwelt, Forsten und Verbraucherschutz Rheinland-Pfalz 2008. Neben anderen heimischen Baumarten des Weinbauklimas wie Edelkastanie oder Speierling richte sich der Blick dabei auch schnell auf die Walnuss, meint die Staatssekretärin.

Was bisher ein eher begrenzender Faktor für den Walnussanbau gewesen ist, mag also in Zukunft für diese Baumart und auch für uns neue Chancen eröffnen. Sie kann im ökologischen, ökonomischen und kulturellen Sinn als Bindeglied unserer naturgebundenen Landnutzungsformen Land- und Forstwirtschaft sowie Wein- und Gartenbau verstanden werden, weshalb ihr ein aktives menschliches Erhaltungsbestreben vergönnt sein sollte.

Die Betitelung zum „Baum des Jahres" fungiert oftmals als Auftakt zu mehr Engagement und Anstrengung zum Erhalt der jeweiligen Baumart – nicht so bei der Walnuss. Sie ist nach wie vor ein in seinem Bestand gefährdeter Nutzbaum, dessen Verbreitung schon immer eng mit dem kulturellen Wirken des Menschen verbunden war. Und ebendieser sollte jetzt die Verantwortung für den starken Rückgang übernehmen und durch vermehrte Pflanzungen neue Vielfalt schaffen!

Denn wie heißt es so schön?
„Gott gibt die Nüsse, aber er knackt sie nicht."
JOHANN WOLFGANG VON GOETHE

Zusatz zum Vorwort

Zum Aufbau der vorliegenden Lektüre ist zu sagen, dass ich zugunsten der Leserlichkeit die methodische Struktur der zugrunde liegenden wissenschaftlichen Arbeit etwas abändern musste.

Zum Beispiel habe ich die Quellenverweise im Text weggelassen. Der Leser wird ausnahmslos alle Autoren, bei denen ich mich bedient habe, in angehängtem Literaturverzeichnis vorfinden und auf Anfrage auch präzise Textstellen-Zuordnungen von mir erhalten können. Die Bildquellen stehen jeder Abbildung zugeordnet im Abbildungs-Quellenverzeichnis, wurden aber bei direkter Entnahme aus anderen Veröffentlichungen auch noch einmal in der Bildunterschrift erwähnt.

Besonders im zentralen Teil zur praktischen Umsetzung einer wirtschaftlichen Nutzung von Walnussbäumen habe ich versucht, eine Verknüpfung zwischen dem „alten" Wissen der vorliegenden Literatur und dem „neuen" Wissen aus den durchgeführten Betriebsbefragungen zu gestalten. Sie werden hier also zunächst von aus Büchern und Fachzeitschriften zitierten Daten und Fakten lesen und im nächsten Absatz eine Einschätzung aus der Praxis zu dem selben Thema vernehmen.

Auch habe ich gewisse Aspekte, die mir zugetragen wurden und mir als äußerst sinnvoll erschienen, als „Praktiker-Tipps" in abgesetzten Schaukästen herausgestellt. In ähnlicher, aber ausführlicherer Form werden Sie eingefügte Expertenkommentare und gelegentlich ergänzende Hintergrundinformationen vorfinden.

Schlussendlich hoffe ich, so eine gelungene Zusammenfassung des zurzeit bestehenden Wissens um die Walnuss in Deutschland geschaffen zu haben, und wünsche Ihnen neben vielfältigen Erkenntnissen ein ausgeprägtes Lesevergnügen!

Vivian Böllersen

Zum Einstieg

Kulturgeschichte der Walnuss

„Die Walnuss stellt den wohl stattlichsten Obstbaum unserer Heimat dar." So laß ich das erste Mal von einem Herrn, der 2007 einen Beitrag im „Grünen Anzeiger" zu seinen Erfahrungen vom Anbau der Walnuss im mitteldeutschen Raum verfasst hatte. Heute sind wir beide gute Freunde im Auftrag der Walnuss und ich durfte mich im Laufe der Jahre mehrfach von dem Wahrheitsgehalt dieser hochachtungsvollen Feststellung überzeugen lassen: Seit alters her hat der majestätische Habitus und der ergiebige Fruchtertrag der Walnuss den Baum mit Königswürde und Fruchtbarkeit in Verbindung gebracht.

Schon die Griechen sahen die Walnuss als Speise der Götter. Der Gattungsname *Juglans* leitet sich von dem lateinischen *Jovis glans* ab, zu Deutsch „Jupiter-Eichel", während das lateinische Beiwort *regia* übersetzt „königlich" bedeutet. Die Römer brachten sie als „Persische Nüsse" aus Kleinasien nach Südeuropa, von wo aus sich die Walnusskultur auch über die Alpen bis nach Gallien und schließlich nach Germanien ausbreitete. Da die neuartige Baumfrucht aus dem Welschland (= Frankreich und Italien) stammte, wurde sie von den Bewohnern „Welsche Nuss" genannt, woraus später „Walnuss" entstand. Von den Römern wurde auch die Phallussymbolik der Walnuss übertragen, was sie später im Mittelalter zur verteufelten *„Nuci noci"* („die Nuss schadet") machte: Auf dem Nussbaum wohnten die Teufel, die sich nachts mit den Hexen zum unsittlichen Stelldichein versammelten.

Abb. 1: Krippe in Walnuss

Doch dieser antike Eros wich bald der christlichen Agape – aus der *Juglans regia* wurde die „Christnuss". Der Kern der neuen „zu knackenden Erkenntnis" wird seither mit allerlei positiven Bräuchen und Geschichten belegt. Ihre endgültige Ausbreitung in Mitteleuropa erfuhr sie schließlich, als KARL DER GROßE (742–814) den Anbau der *„Nux gallica"* auf den Krongütern in seiner Landgüterverordnung, dem *Capitulare de villis vel curtis imperii*, für die Versorgung seines Hofes anordnete. Der Anfang des 19. Jahrhunderts immer noch relativ große Walnussbestand in Deutschland wurde schließlich durch die beiden Weltkriege nachhaltig dezimiert: Zigtausende Bäume fielen der Herstellung von Gewehrkolben zum Opfer. Die spärlichen Nachpflanzungen nach dieser Zeit konnten den Verlust bis heute nicht ausgleichen.

Abb. 2: Nussknacker

Dennoch ist die Walnuss nach wie vor einer der beliebtesten Haus- und Hofbäume in unseren ländlicheren Regionen. Das späte Austreiben im Frühjahr gewährt den Hofbewohnern noch am längsten den Genuss der milden Frühlingssonne, während im Herbst, nach einem dicht belaubten, Schatten spendenden Kronenbewuchs, die milder werdende Sonne schon wieder durch das sich lichtende Geäst blinzeln kann. Als Solitärbaum ist die Walnuss von unübertroffener Stattlichkeit und trägt mit ihrer charaktervoll silbrigen Rinde und den knorrigen Ästen zur rustikalen Ästhetik des Standortes bei.

Sie soll aufgrund ihrer Inhaltsstoffe lästige Insekten wie Mücken und Fliegen vertreiben, weshalb sie möglichst dicht an das Wohnhaus gepflanzt wurde.

Im Alltag fanden die grünen Walnussblätter ein breites Anwendungsspektrum als Hausmittel: Sie wurden zum Schutz vor Mäusefraß in den Erdmieten ausgelegt, fungierten als Tabak- und Pfefferersatz und hielten im Schrank Ungeziefer von der Kleidung fern. Bei aufgegangenen oder brennenden Füßen wurden die Blätter zur Beruhigung in den Schuh gelegt und ihr Aufguss wurde innerlich wie äußerlich gegen Ungeziefer, Würmer und Parasiten angewandt.

Abb. 3: Nikolausteller

Im Volksmund galt der Markustag (25. April) als ausgemachter „Nussfressertag“, denn „ohne Aprilblüte keine Septembernuss“. Als Sinnbild der Fruchtbarkeit und Volkserotik galt lange der Brauch, frischvermählte Bräute sollten viele Walnüsse essen, denn viele Nüsse versprachen „viele Bengel“. Als weiteres Symbol stand sie für die Unsicherheit im Ehestand: „Niemand weiß, was in der Nuss zu finden ist – süß oder bitter.“ So sollten zwei Liebende Walnüsse ins Feuer werfen, um zu beobachten, wie sich die Schalen verhielten: Blieben sie geschlossen, war eine glückliche Ehe zu erwarten – platzten sie auseinander, war das Scheitern der Beziehung zu befürchten.

Warf eine Jungfer einen Prügel in einen Walnussbaum, und er fiel nicht herunter, so war deren baldige Heirat gewiss. In der Christnacht legten zwei sich Liebende die Schalen einer geknackten Nuss erwartungsvoll in eine Schüssel voll Wasser: Stießen die Schalen zusammen, würde alsbald die Hochzeit folgen und die Nuss wurde vergnüglich verspeist. Dem ersten Stammhalter-Bub in der Ehe nach diesem Orakel wurde ein Walnussbaum gepflanzt.

Weitere Bedeutung birgt die Walnuss nach dem keltisches Baumhoroskop: „Nuss-Menschen" (21.4. bis 30.4./24.10. bis 2.11.) gelten als unbeugsam, geben alles für ihre Ziele und machen sich selbst unglücklich, wenn sie sich im Partner geirrt haben und das nicht akzeptieren wollen.

Im Möbelstil des Biedermeiers steht das glänzend polierte Wurzelfurnier für einen Seelenspiegel und ist Ausdruck der eigenen Gemütsverfassung: Daher galten Walnussbäume als Rezept für zu extrovertierte, nach außen orientierte Menschen. Sie richten die Wahrnehmung nach innen und man lerne nach altem Glauben, zu sich selbst zu finden.

Schließlich fand die Walnuss auch literarischen Anklang: Neben GOETHE in „Die Leiden des jungen Werthers" erhoben auch die Gebrüder GRIMM die Walnuss in „Allerleirauh" zur schicksalsbestimmenden Hauptrolle und LUDWIG BECHSTEIN tat im 19. Jahrhundert Ähnliches in seinem Märchen „Das Nusszweiglein".

Ursprung und Verbreitung

Als Heimat der *Juglans regia* L. können Zentralasien bis ins westliche China, die nördlichen Teile des Irans, Kleinasiens und untere Teile des Himalayas angesehen werden. Die genaue Abgrenzung des natürlichen Areals ist aber nur schwer möglich, da die Art seit vorgeschichtlicher Zeit kultiviert wird und somit vom Menschen beeinflusst und verbreitet worden ist. In vielen Gegenden ist sie verwildert und zuletzt völlig eingebürgert. Als Ur-Areal werden aber weiterhin Mittelasien, die nördlichen Teile des Irans, Kleinasiens und der Himalaya anerkannt. Sie wurde bei uns vor 2.000 Jahren durch die Römer in ihrer westasiatischen Erscheinungsform nördlich der Alpen etabliert, war aber – wie Braunkohlefunde belegen – schon im Tertiär bei uns verbreitet: Wie viele Vertreter der ursprünglichen Vegetation wurde sie erst von der letzten Eiszeit verdrängt.

Heute kommt die Gattung *Juglans* mit 22 Arten in der gemäßigten und warm temperierten Zone Eurasiens und in einem großen Teil Amerikas vor. Die Gemeine Walnuss findet man hierzulande vor allem im ländlichen Siedlungsraum der Weinbaugebiete als Anpflanzung. Wilde Sämlinge in Wäldern sind selten, hin und wieder sind sie an Waldrändern oder einzeln in Auenwäldern oder in freier Flur zu entdecken, zum Teil sogar in den unteren Höhenlagen der Alpen und an Nord- und Ostseeküsten. Forstliche Bestände findet man im Südwesten Deutschlands, in Frankreich und in der Schweiz.

Der Anbau erfolgt heute auf der gesamten Nordhalbkugel in der gemäßigten Zone, vor allem in China, Nordamerika (Oregon und Kalifornien) und im Iran. Zudem ist Chile in den letzten Jahrzehnten zum Großproduzenten expandiert. Bedeutende Anbaugebiete im Großraum Europa sind Südfrankreich, die Länder der ehemaligen Republik Jugoslawien, Ungarn, Italien, Rumänien und die Türkei. Vereinzelt findet erwerbsmäßiger Anbau in Österreich, in der Schweiz und in Deutschland statt, bei uns überwiegend als Walnuss-Streuobstbäume in der Oberrheinebene (Weiterführendes im Kapitel „Walnussanbau in Deutschland“ ab S. 23).

Biologie des Walnussbaumes

Um diesen trockenen Teil kommt kein angehender Walnussbauer und Liebhaber herum. Die grundlegenden morphologischen Merkmale der Art, für die man sich die nächsten Jahrzehnte verschrieben hat, sind ausschlaggebend für das Schaffen der richtigen Wuchsbedingungen und für das Verständnis ihrer Fertilität – also der potenziellen Ertragsleistung. Auch die besonderen Inhaltsstoffe der Walnussorgane und deren Wirkung gehören zum Grundwissen eines jeden Interessenten und Kritikers.

Die Juglandaceae bilden eine verhältnismäßig kleine, aber alte Pflanzenfamilie mit insgesamt 64 Arten (*Juglans* spp.). Von den 22 Arten der Gattung *Juglans* sind acht Vertreter auf der Nordhalbkugel heimisch, in Mitteleuropa ist die Echte Walnuss, *Juglans regia* nach Linné, die am häufigsten kultivierte und am weitesten verbreitete Art. Aufgrund der Nussform und der Baumgestalt werden weit mehr als 100 Varietäten der Walnuss unterschieden.

Wuchsform

Der Baum bildet eine kugelförmige Krone, die aus 20 oder mehr Wipfeltrieben gebildet wird. Ein Höhenwachstum von einem bis zwei Metern pro Jahr ist in der Jugend nicht unüblich. Die jungen Triebe stehen in ihrem dunklen Rotbraun in einem guten Kontrast zur silbrig weißen Rinde, die besonders im Winter auffällt. Im Alter wird die Borke aber dunkelgrau und tief rissig. Die Höhe des Walnussbaumes kann im Bestand bis zu 30 Meter betragen, im Freistand sind es maximal 20 Meter. Es wurden Maximalwerte von 25 Meter beim Kronendurchmesser und von 1,50 Meter bei der Stammstärke gemessen. Ein Walnussbaum kann bis zu 150 Jahre alt werden, wobei veredelte Bäume ein geringeres Höchstalter erreichen.

Holz

Das Holz der Familie der Juglandaceae ist zerstreut- oder ringporig, das der Gattung *Juglans* muss als „halbringporig“ bezeichnet werden. Sie haben alle wenig breite (meist ein- bis dreireihige), homogene bis schwach heterogene Markstrahlen. Die Arten der Unterfamilie Juglandoideae, zu der auch die Walnuss gehört, weisen als besonderes Merkmal ein quer gefächertes Mark in den Sprossachsen auf. *J. nigra* und *J. regia* haben dickwandigere Gefäße und Holzfasern als die meisten anderen *Juglans*-Arten.

Das Splintholz – also der die lebenden Parenchymzellen enthaltende Teil des Holzkörpers – ist bei allen Juglandaceae in der Regel breit bis sehr breit, das heißt zahlreiche Jahresringe umfassend. Während der Umwandlung zum Kernholz werden durch die absterbenden Parenchymzellen überwiegend braune Inhaltsstoffe in unterschiedlicher Zusammensetzung und Konzentration in das Holzgewebe eingelagert. Diese Kernstoffe haben hier keinen Einfluss auf die Festigkeitseigenschaften und bewirken keine nennenswerte Dauerhaftigkeit gegenüber dem Angriff durch pflanzliche und tierische Schädlinge. Das Ergebnis ist ein dennoch ziemlich hartes, leicht spaltbares und stark schwingendes Holz. Das ganz ähnliche Holz der Schwarznuss *Juglans nigra* L. aus Nordamerika ist besonders gutes Material.

Abb. 4: Gesundes Kernholz bei der Walnuss

Blätter

Die 20–40 Zentimeter großen Blätter des Nussbaumes sind unpaarig gefiedert. Ihre fünf bis neun Blättchen sind oval und ganzrandig, die Endblättchen sind gestielt und etwas größer als die seitlichen. Sie sind von Harz absondernden Duftdrüsen bedeckt, die ätherische Öle ausdünsten und beim Zerreiben stark aromatisch riechen. Im Herbst werden die Blättchen samt den Blattspindeln abgeworfen, was der Walnuss ein sehr grob verzweigtes Geäst verschafft, da die feinste Verzweigungsordnung wegfällt. Beim Austrieb sind die Blätter oft rotbraun gefärbt, später entwickeln sie ein sattes Grün.

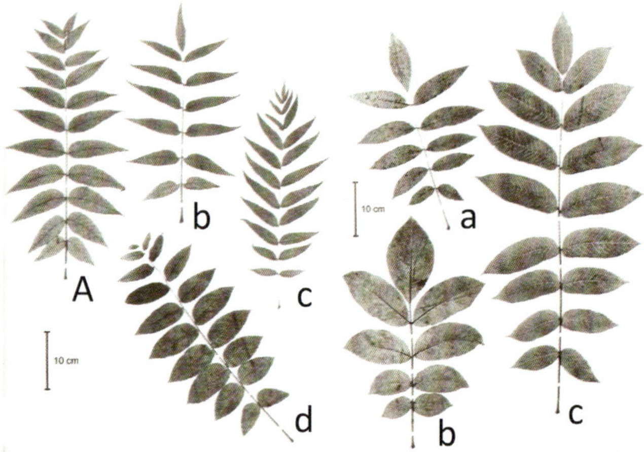

Abb. 5: Typische Blätter von A: *Juglans nigra*, b (links): *J.major*, c (links): *J.microcarpa*, d: *J.californica*, a (rechts): *Juglans x intermedia*, b (rechts): *J.regia*, c (rechts): *J. mandschurica.* Aus: Schaarschmidt 2006, S. 31/33

Blüte

Die Walnuss ist einhäusig (monözisch). Die männlichen Blüten, die sich aus den Blattachselknospen entwickeln, öffnen sich im April/Mai in bis zu 15 Zentimeter langen Kätzchen, während die unauffälligen weiblichen Blüten erst beim Austreiben mit den Blättern am Sprossende der neuen Jahrestriebe in Ein- bis Fünfer-Grüppchen erscheinen.

Abb. 6: A) weibliche und B) männliche Blüten der Walnuss. Aus: Körber 2008, S. 12

Bei einigen neueren Sorten entwickeln sich auch Seitenknospen zu weiblichen Blütenknospen (= lateral tragende Sorten). Insgesamt geht die Blütezeit in Mitteldeutschland etwa von Mitte April bis zur ersten Junihälfte. Durch Luftbewegung geraten die männlichen Pollen auf die weibliche Blüte, dabei können sie die Befruchtung auf dem eigenen oder einem anderen Baum bewirken.

Je nach Sorte überschneiden sich die Blütezeiten der männlichen und weiblichen Blüten desselben Baumes mehr oder weniger, man spricht dann von selbstfertilen Sorten, die sich zur Solitärpflanzung eignen, oder von dichogamen, die auf die Befruchtung eines Baumes einer anderen Sorte angewiesen sind (Weiterführendes im Kapitel „Sortenwahl" ab S. 45)

Frucht

Die Erkenntnis, dass die Walnuss keine Steinfrucht ist, ist alt. Leider haben im Laufe der Zeit immer wieder Autoren voneinander abgeschrieben und so die falsche Bezeichnung „Steinfrucht" weitergetragen. So auch FRANKE: Er beschreibt die Walnuss noch als Frucht, die sich aus den unterständigen, aus zwei Fruchtblättern bestehenden Fruchtknoten nach Windbestäubung entwickelt. Es ist aber schon lange nachgewiesen, dass die fleischige Schale nicht zur Frucht gehört, sondern aus anderen Organen, nämlich den Trag- und Vorblättern des Blütensprosses, entstanden ist.

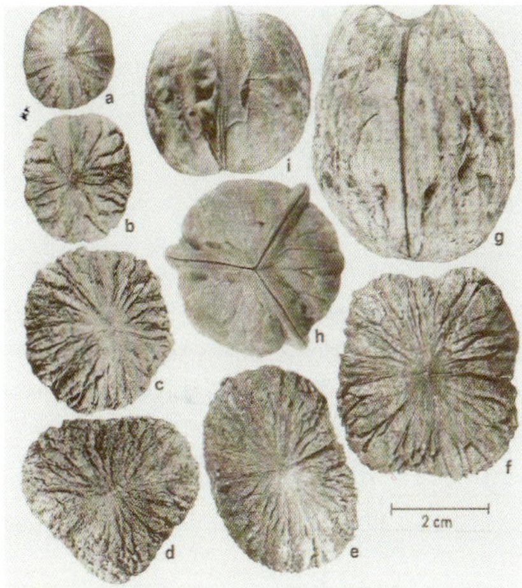

Abb. 7: *Juglans*, Nüsse in Aufsicht und Seitenansicht. a: *J. microcarpa*, b: *J. major*, c–f: *J. nigra*, g: *J. regia* ´Maxima´ (Pferdenuss), h–i: *J. regia*. Aus: Schaarschmidt 2006, S. 59

Es handelt sich bei der Walnuss daher um eine echte Nuss, die von einer runden, glatt grünen, fleischig ledrigen Außenhülle umgeben wird. Diese Hülle springt zur Reife im September/Oktober auf und gibt das 1–2,5 Millimeter dicke, verholzte, netzig runzelige Perikarp und den darin eingebetteten Samen frei. Die Form der Nuss ist sortentypisch variabel herzförmig, elliptisch, länglich, eiförmig, konisch oder rund.

Der elfenbeinfarbene, von einer hellbraunen Samenhaut eingehüllte Walnusskern besteht genau genommen aus den beiden gefalteten und fleischigen Keimblättern des Embryos, welcher durch eine echte holzige und eine unvollständige hautartige Scheidewand, die beide kreuzweise zueinanderstehen, in vier Abteilungen geteilt ist. Im folgenden Frühjahr sprengt der durch Kälte und Feuchtigkeit schwellende Embryo die Schale an der Naht auseinander und die Keimung beginnt.

Die in Nordamerika heimische Schwarznuss, *Juglans nigra* L., erzeugt runde, fast pfirsichgroße Früchte, deren tief gefurchte Steinschalen jedoch so dick und hart sind, dass sie sich nicht ohne Weiteres öffnen lassen. Die durch Spezialknacker freigesetzten Embryonen finden in den USA in der Konditorei und für Speiseeis Gebrauch.

Wurzelwerk

Der Keimling entwickelt zunächst eine imposante Pfahlwurzel, bevor die oberirdischen Organe erscheinen. Später nimmt das Wurzelwerk eine herzförmige Form an, im Alter aber streichen viele oberflächliche Hauptwurzeln weit vom Stamm weg und bis um ein Vielfaches über die Kronentraufe hinaus. Laut MAURER befindet sich die Hauptwurzelmasse in einer Tiefe zwischen 30 und 120 Zentimetern bei gegebener Bodendurchlässigkeit und Grundwasserstand. Nur einzelne Stechwurzeln gingen in eine Tiefe von zwei bis vier Metern – die horizontale Ausbreitung sei aber besonders stark.

Quelle: Maurer 1968, S. 28

Abb. 8: Wurzelverlauf eines 20-jährigen Walnusssämlingbaumes

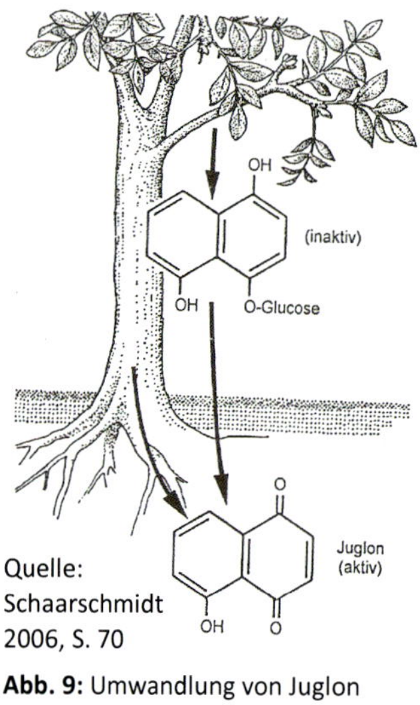

Quelle: Schaarschmidt 2006, S. 70

Abb. 9: Umwandlung von Juglon

Inhaltsstoffe

Eine interessante stoffliche Besonderheit der Walnussgewächse ist das Juglon (auch Juglanin oder Nucin). Es existiert in den Pflanzen als Glucosid und ist äußerlich durch die Schwarzfärbung verletzter und absterbender grüner Pflanzenorgane zu erkennen. Das nicht toxische Glucosid wird durch Regen aus den Pflanzenteilen ausgewaschen und gelangt in den Boden, wo es von Bodenmikroben zum toxischen Juglon umgewandelt wird. Diese Substanz hat eine allelopathische Wirkung, die ein interessantes Forschungsfeld für Botaniker eröffnet: Im Einflussbereich der Kronentraufe wirkt das Juglon phyto- und fungitoxisch auf zahlreiche Pflanzenarten und Pilze. Zumindest die Jungstadien von vorwiegend dikotylen Samenpflanzen kümmern schon in Folge sehr geringer Juglon-Konzentrationen und sterben ab. Dieser Effekt ist bei der Schwarznuss, *J. nigra*, besonders stark ausgeprägt. Verschiedenste Gräser sowie Pflanzen mit gut ausgebildeter Kutikula sind aber relativ tolerant.

Tabelle 1: Einfluss von Juglon auf verschiedene Pflanzenarten

Negative Beeinflussung	Immun oder kaum betroffen
Asparagus officinalis (Spargel)	*Allium cepa* (Zwiebel)
Betula papyrifera (Papier-Birke)	*Beta vulgaris* (Rüben)
Brassica oleracea (Kohl)	*Pastinaca sativa* (Pastinake)
Lycopersicon esculentum (Tomaten)	*Phaseolus zinnia* (Lima- und Brechbohnen)
Magnolia x *soulangiana* (Tulpen-Magnolie)	*Prunus* spp. (Kirschen, Nektarinen, Pfirsich und Pflaumen)
Medicago sativa (Luzerne)	*Rubus occidentalis* (schwarze Himbeere)
Solanum melongena (Aubergine)	*Cucurbita* (Kürbisse)
Solanum tuberosum (Kartoffel)	*Zea mays* (Zuckermais)
Paeonia (einige Pfingstrosen)	
Pinus strobus (Weymouth-Kiefer)	
Tilia americana (Amerikanische Linde)	Sowie die meisten der winterfesten, im Herbst gesetzten Blumenzwiebeln einschließlich Laucharten, Krokusse, Narzissen, Hyazinthen, Tulpen und eine Reihe von weiteren Zierpflanzen.
Vaccinium (Heidelbeeren)	

Da Juglon nicht besonders wasserlöslich ist, verbreitet es sich nicht leicht durch Bodenbearbeitung, sondern kann nur unter dem Kronendach bestehen, wo sich lebende Wurzeln befinden. Nachdem Walnussbäume von einer Stelle entfernt werden, kann die Toxizität bis zu einem Jahr nach der Entfernung im Boden fortbestehen.

Eine weitere bemerkenswerte Eigenschaft der Juglanaceae ist ihre erhöhte Fähigkeit zur Akkumulation von Aluminium. In Tests enthielten die Blätter verschiedener Arten mehr als 0,1 Prozent Aluminium.

Ebenfalls weitverbreitet in der Familie sind Gerbstoffe, die im Wesentlichen aus Gallussäure, Ellagsäure, Myricitrin und Leucodelphinidin aufgebaut sind. Die frischen Blätter und Fruchtschalen der *Juglans regia* sollen je nach Destillationsdauer 350–390 Milligramm Prozent beziehungsweise bis 1000 Milligramm Prozent Vitamin C und 0,02–0,15 Milligramm Prozent ätherische Öle enthalten. Eiweiße und Fette sind vor allem im Samen zu finden. Der Gesamtfettgehalt von Walnüssen beträgt circa 65 Gramm pro 100 Gramm und setzt sich zu 14 Prozent aus einfach ungesättigten Fettsäuren (z.B. Ölsäure) und zu 72 Prozent aus mehrfach ungesättigten Fettsäuren zusammen: Der Gehalt an Linolensäure (Omega-3-Fettsäure) zum Beispiel ist mit 9 Gramm pro 100 Gramm im Vergleich zu anderen Nusssorten am höchsten. Die Jodzahlen liegen bei *J. regia* zwischen 132 und 162.

Die Walnuss in der Ernährung und Volksmedizin

Die Walnuss bringt eine Vielzahl an ökonomisch verwertbaren Produkten hervor, die ohne Ausnahme als qualitativ hochwertige Naturerzeugnisse gehandelt werden und ein sehr vielfältiges Einsatzspektrum vorweisen können.

Die Nuss

Die Walnuss hat mit etwa 65 Prozent Fett, 16 Prozent Eiweis und 6 Prozent Kohlenhydraten einen hohen Nähr- und Gesundheitswert. Vor allem ihr ernährungsphysiologisch sehr günstiges Fettsäure-Verhältnis mit vielen Omega-3-Fettsäuren kennzeichnet sie: Das Walnussöl besitzt einen hohen Anteil mehrfach ungesättigten Fettsäuren (MFS) sowie Lecithin und essenzielle fettlösliche (Pro-)Vitamine.

Laut STRACKE konnten Studien zeigen, dass gerade Omega-3-Fettsäuren den Gesamt- und LDL-Cholesterinspiegel senken, sodass ein regelmäßiger Verzehr von Walnüssen vor koronaren Herzerkrankungen schützt. Das enthaltene Vitamin E bewahrt ebenfalls vor oxidativen Schädigungen (zum Beispiel der LDL-Partikel) und die reichlich vorkommenden B-Vitamine können den Kohlenhydratstoffwechsel positiv beeinflussen.

Auch die Mineralstoffe Magnesium, Kalium und Kalzium, die für die Nerven- und Muskelfunktionen essenziell sind, sind in Walnüssen reichlich enthalten. Das Spurenelement Fluor sorgt für gesunde Zähne, und Selen ist ein wichtiger Bestandteil für antioxidativ wirkende Enzyme im menschlichen Körper. Trotz all dieser Vorzüge sollte der Verzehr von Walnüssen aber aufgrund des hohen Ölgehaltes (100 Gramm Walnusskerne = 710 Kilokalorien = 3000 Kilojoule) auf höchstens acht bis zehn Stück pro Tag beschränkt bleiben.

Die getrockneten Walnusskerne werden neben dem Verzehr als Tafelnuss als Zutat zu Süßspeisen, Obstsalat, Gebäck, Brot, Pralinen sowie zur Herstellung von kaltgepresstem, hochwertigem Walnussöl verwendet. Aus vier bis sechs Kilo ganzen Nüssen lässt sich etwa ein Liter Öl pressen, das hauptsächlich der Ernährung dient, aber auch zur Herstellung von Künstlerfarben verwendet wird.

Vor allem in Süddeutschland sind die frischen, ungetrockneten „Schälnüsse", die unmittelbar nach der Ernte verzehrt werden, beliebt und werden bevorzugt als regionale Spezialität zu Wein gereicht. Die etwas bittere Samenhaut kann bei frischen Walnüssen leicht abgezogen werden, sodass der Kern dann nahezu bitterstofffrei ist. Bei getrockneten Walnüssen haftet die Haut fest am Kern und schützt diesen vor Sauerstoff und damit vor dem Ranzigwerden.

Auch die beim Schnitt im Juni/Juli anfallenden halb reifen Nüsse werden einschließlich der grünen Schale kandiert, Konfitüren zugesetzt, in Sirup oder Honig eingelegt, dem Rumtopf beigegeben oder als Kompott zubereitet. In Weinessig eingelegt genießt, man sie vor allem in England als Pickles oder verwendet sie zur Herstellung delikater Liköre und „Nusswasser".

Die grünen Pflanzenteile

Aus den grünen Fruchthüllen, den Blättern und der Rinde werden Gerb-, Beiz- und Färbemittel hergestellt. Im kosmetischen Bereich hat die Verwendung von Aufgüssen aus grünen Schalen zur Haartönung eine lange Tradition, was auf den bereits erwähnten Juglon-Gehalt zurückzuführen ist, der in naturkosmetischen Bräunungs- und Sonnenschutzmitteln zum Einsatz kommt. Das aus den Fruchtschalen gepresste Nussöl penetriert schnell und vollständig in die Oberhaut und wirkt erweichend, weshalb man es auch zu Haut- und Massageölen verarbeitet.

Die von der zentralen Blattader (Spindel) befreiten ganzrandigen Fiederblätter dienen heute als Ausgangsdroge für die Herstellung von Rezepturarzneimitteln. Diese Blätter werden von Mai bis Juli geerntet und dann trocken und gut durchlüftet im Dunkeln gelagert, zum Beispiel in Papiertüten. Extrakte aus den Walnussblättern (*Juglandis folium*) sind Vielstoffgemische mit zum Teil sehr unterschiedlicher Wirkstoffzusammensetzung, ein hoher Gerbstoffgehalt (etwa zehn Prozent) ist aber typisch. Dieser bedingt auch die zusammenziehende, durchblutungsfördernde und entzündungswidrige Wirkung auf Haut- und Schleimhautzellen. Bei leichten, oberflächlichen Entzündungen der Haut wie Akne, chronischem Ekzem oder Pyodermie können Lösungen sowie alkoholische Tinkturen aus Walnussblättern den Heilungsprozess ergänzend fördern.

Verdünnte Gerbstofflösungen lassen sich bei Entzündungen im Mund- und Rachenraum und für Spülungen am Auge bei Lidrandverletzungen verwenden, während sich gerbstoffreicher Extrakt als Badezusatz zur Behandlung von Hämorrhoidal-Leiden und übermäßiger Schweißabsonderung an Händen und Füßen eignet. Zur innerlichen Anwendung kann *Juglandis folium* mit anderen Heilmitteln gemischt und bei gereizter Magen-Darm-Schleimhaut und Durchfallerkrankungen als Teeaufguss angewandt werden. Magenempfindliche Personen reagieren gelegentlich mit leichter Übelkeit und Unwohlsein auf Walnussblättertee.

Im homöopathischen Sinn gelten die Inhaltsstoffe als blutreinigend, wurmtreibend, nervenstärkend, schweißregulierend, leistungssteigernd, heilend und konzentrationsfördernd. So wird beispielsweise auch bei Hautkrankheiten Walnussblättertee empfohlen und gegen männliches Unvermögen soll eine Tinktur aus Walnussfruchthüllen, Rinde und Weingeist behilflich sein. Zudem ist Walnussessenz in der Bachblütentherapie gut für Menschen, die neue Wege einschlagen und die Vergangenheit hinter sich lassen wollen.

Auch die Tierheilkunde kommt durch frische Walnussblätter auf ihre Kosten, da diese, traditionell aufgehängt oder unter die Einstreu gemischt, leicht insektizid wirken, sodass sich Flöhe, Wanzen, Läuse, Milben et cetera vergrämen lassen. Zur Abwehr von Hundeflöhen haben sich Fellwaschmittel oder Sprays mit Extrakten aus Wallnussschalen bewährt und gegen Verdauungsstörungen (Durchfall, Harnruhr, Wurmbefall) bei Schafen und Rindern können diese mit kalten Aufgüssen aus den Schalen und Blättern der Walnuss getränkt werden.

Walnussanbau heute

Keine Frage, die Walnuss ist hierzulande beliebt und wird als traditionelles Lebensmittel bei Jung und Alt geschätzt. Aber wie sieht es über die Landesgrenzen hinaus aus? Wo werden die Walnüsse, die wir offensichtlich in recht üppigen Mengen konsumieren, produziert und welche Rolle spielt Deutschland als Walnussimporteur im internationalen Vergleich?

Das alles sind Fragen, die die Sinnhaftigkeit einer deutschen Walnussproduktion unterstreichen, deren Potenzial verdeutlichen und Anbaumotivationen wecken.

Weltweite Produktion und Handel

Erzeugerländer

Die größten Produktionsländer von Walnüssen sind China, der Iran, die USA und die Türkei mit Abstand gefolgt von mindestens 36 weiteren Ländern. Die folgende Tabelle zeigt die Entwicklung der Erntemengen von Walnüssen in den letzten 20 Jahren und macht die Verschiebungen an der Spitze der Topproduzenten deutlich: Während 1992 noch die USA von China gefolgt war, hat sich heute die Volksrepublik mit über einer Million Tonnen Walnussernte weit von ihren nächsten Konkurrenten – dem Iran und den USA – abgesetzt, die jeweils eine halbe Million Tonnen Walnüsse produzieren.

Tabelle 2: Weltproduktion von Walnüssen laut FAO 2014

		2011	**2005**	**1995**	**1992 (FRANKE)**
	Welternte	3,4 Mio. t	1,8 Mio. t	1 Mio. t	948.803 t
1.	China	1.655.500 t	500.000 t	230.700 t	200.000 t
2.	Iran	485.000 t	215.000 t	120.000 t	66.000 t
3.	USA	418.200 t	322.000 t	212.300 t	207.000 t
4.	Türkei	183.200 t	150.000 t	110.000 t	112.000 t
5.	Ukraine	112.600 t	91.000 t	76.000 t (UdSSR)	67.000 t (UdSSR)
6.	Mexiko	96.500 t	80.000 t	6.000 t	23.000 t
7.	Indien	36.000 t	32.000 t	25.000 t	20.000 t
8.	Rumänien	35.000 t	47.800 t	22.800 t	28.000 t
9.	Chile	35.000 t	14.500 t	9.800 t	–
10.	Frankreich	38.300 t	32.700 t	21.900 t	29.000 t
11.	Griechenland	29.800 t	21.800 t	22.700 t	24.000 t

Die meisten Walnuss produzierenden Länder exportieren ihre erzeugte Ware zu großen Anteilen ins Ausland. Dabei haben sich manche Länder auf den Verkauf von Walnusskernen spezialisiert, die meisten aber bieten ihre Walnussernten sowohl mit als auch ohne Schale an.

Die folgende Grafik soll den Exportanteil an den weltweiten Walnussernten verdeutlichen. Es bleibt aber zu beachten, dass die Darstellung anhand einer logarithmischen Skalierung erfolgt, anstatt einer arithmetischen. Das heißt, dass die oberen Bereiche der Mengenangaben in größeren Schritten festgelegt sind, als im unteren Bereich der Achse. Daher ist der Balken für die Gesamtproduktion eigentlich viel länger, als es hier darstellbar wäre.

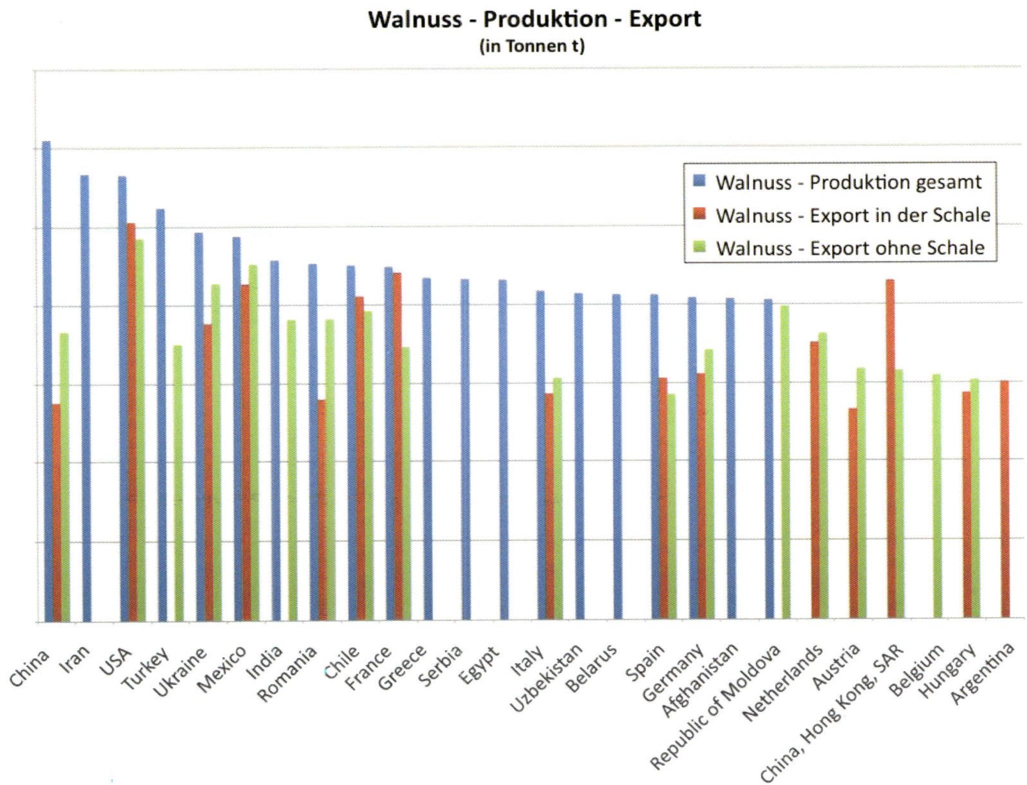

Abb. 10: Walnussproduktionsländer und Exporte 2010 gegenübergestellt (nach FAO 2013)

Die hohen Produktionszahlen Deutschlands sind durch eine Hochrechnungsmethodik der FAO (Food and Agriculture Organisation of United Nations mit Sitz in Rom; *Anm. d. Red.*) zustande gekommen, die hier aufgrund nicht erfasster oder übermittelter Produktionsdaten aus Deutschland angewandt wurde. Die Angaben des DEUTSCHEN STATISTISCHEN BUNDESAMTES von 2003 lassen auf deutlich geringere Produktionsmengen im Jahr 2010 schließen (vgl. Tabelle auf S. 21).

Export

Insgesamt werden Walnüsse zu etwa gleichen Anteilen in der Schale wie auch als Nussprodukte gehandelt, wobei die Menge von Nussprodukten zusehends steigt, da zerkleinerte Walnüsse in unterschiedlichen Körnungsgraden in zahlreichen Gewerben und Industrien, von Süßwaren bis hin zur Kosmetik, zum Einsatz kommen.

Während die USA bei der Produktionsmenge weltweit nur noch auf Platz 3 rangieren, bleiben sie nach wie vor die Marktführer im Walnussgeschäft: Sie exportierten 2010 rund 116.000 Tonnen Walnüsse in der Schale und 72.000 Tonnen Walnüsse ohne Schale in alle Welt. Nach ihnen finden wir bei den Walnüssen in der Schale Frankreich mit 26.000 Tonnen und die Sonderverwaltungszone Hongkong mit 20.000 Tonnen. Letztere importiert die Ware zuvor aus der Volkrepublik China.

Der zweitgrößte Exporteur für Walnüsse ohne Schale ist Mexiko mit 33.000 Tonnen gefolgt von der Ukraine mit 19.000 Tonnen. Deutschland exportiert laut FAO noch 1.300 Tonnen Walnüsse mit und 2.600 Tonnen ohne Schale, was auf Rücksendungen nach Beanstandung bei vorheriger Einfuhr zurückzuführen ist.

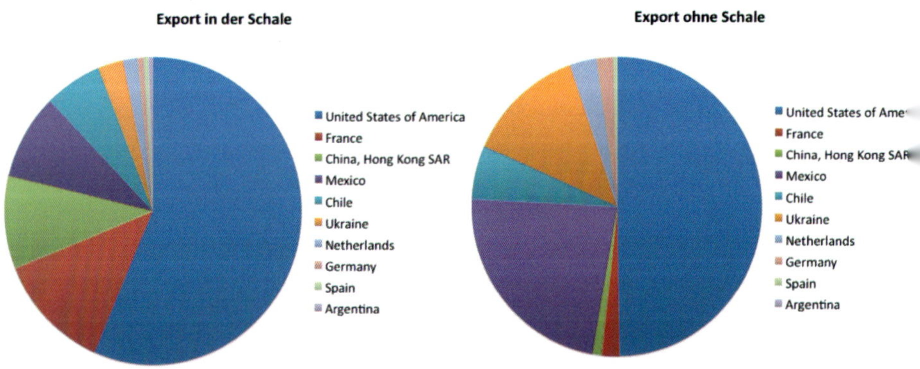

Abb. 11: Verteilung der Exportländer an den weltweiten Walnussausfuhren 2010 (nach FAO 2013)

Import

Im Jahr 2010 waren die weltweiten Hauptimporteure von Walnüssen in der Schale die Sonderverwaltungszone Hongkong der Volksrepublik China (32.002 Tonnen), die Türkei (27.369 Tonnen), Italien (26.571 Tonnen), Mexiko (15.963 Tonnen), Spanien (14.965 Tonnen), China (14.962 Tonnen) und dann Deutschland mit 12.796 Tonnen. Im Jahr 2005 wurden noch 11.975 Tonnen Walnüsse in der Schale nach Deutschland importiert. Mehr als die Hälfte dieser Menge (53 Prozent) stammte nach Angaben des STATISTISCHEN BUNDESAMTES aus den USA, ein weiterer bedeutender Lieferant ist Frankreich, gefolgt von Ungarn, Chile und Italien. Walnüsse in der Schale werden in Deutschland hauptsächlich von August bis Januar importiert mit den höchsten Zufuhren von Oktober bis Januar.

Laut FAO war Deutschland 2010 nach Russland (16.720 Tonnen) mit 13.668 Tonnen der größte Importeur für Walnüsse ohne Schale, gefolgt von Japan (9.436 Tonnen) und Spanien (8.548 Tonnen). Noch 2005 wurden nur 9.583 Tonnen (2002: 6.669 Tonnen) an Walnüssen ohne Schale nach Deutschland eingeführt. Walnusskerne werden ganzjährig mit einem Schwerpunkt von November bis Januar importiert. Hauptlieferanten hierbei sind die USA, gefolgt von Chile, Moldawien, Frankreich, der Ukraine und Indien. Die qualitativ hochwertigsten Kerne kommen laut JACOB aber aus Chile und Frankreich.

Walnussanbau in Deutschland

Die Walnuss ist hierzulande noch häufig als solitärer Hof- und Gartenbaum und gelegentlich als Alleebaum zu finden, aber nur selten im großflächigen Anbau. Wie bereits beschrieben, war die Walnuss in Deutschland bis vor 100 Jahren noch viel häufiger anzutreffen, durch Übernutzung in den Kriegsjahren und fehlende Nachpflanzungen ist ihr Bestand aber stark zurückgegangen. ROLOFF 2008 nennt genaue Zahlen aus der Schweiz: Hier sei in den letzten 50 Jahren ein Rückgang um 75 Prozent beobachtet worden. Eine historische Walnusslandschaft wie in Gebieten Südfrankreichs[1], wo sich aus klimatischen wie traditionellen Wurzeln heraus der Walnussanbau etabliert hat, ist in Deutschland jedenfalls nicht zu finden.

Anbaubedeutung

Der Walnussanbau in Deutschland hat keinerlei wirtschaftliche Bedeutung, was sich mit dem geringen Ausmaß an Versuchsflächen und Forschungsbestrebungen hierzulande deckt. In Weinsberg bei Heilbronn stehen die letzten Walnussversuchsanlagen unter „offizieller" Beobachtung.

1 Zum Beispiel das Périgord oder Grenoble, wo die Walnüsse seit 2002 die AOC-Herkunftsbezeichnung tragen dürfen und seit 2004 als „Noix du Périgord" beziehungsweise „Noix du Grenoble" europaweit geschützt sind (Quelle: http://www.inao.gouv.fr/).

Deutschland produzierte im Jahr 2002 laut STATISTISCHEM BUNDESAMT 200 Tonnen Walnüsse auf 72 Hektar. Im Jahr 2000 waren es noch 300 Tonnen. Der Walnussbestand wurde von verschiedenen Autoren seit Mitte des vergangenen Jahrhunderts festgehalten und zeichnet schemenhaft dessen fortschreitenden Rückgang nach.

Tabelle 3: Bestand an Walnussbäumen nach verschiedenen Autoren

Land	**DDR**	**BRD**	**BRD**	**Bemerkung**
Jahr	STRITZKE 1961	KÖNEMANN 1978	STATISTISCHES BUNDESAMT, 2003	
1938	348.877 Stk.			Bestand insgesamt.
1958	144.993 Stk.	1.107.000 Stk.		Bestand insgesamt. 36 % der Bäume der BRD standen hier in Baden-Württemberg und Rheinland-Pfalz.
1992			10.000 Stk.	Bestand in Erwerbsanlagen
1997			11.000 Stk.	Bestand in Erwerbsanlagen
2002			9.269 Stk.	0,2 % der gesamten Baumobst-Erwerbsfläche in Deutschland

Die Angaben ab 1992 beziehen sich nur auf den Baumbestand in Erwerbsanlagen, da seitdem keine Zählungen des natürlichen Bestands mehr durchgeführt wurden. Der starke Einbruch zwischen 1938 und 1958 ist laut STRITZKE den Extremwintern 1941/42 und 1955/56 geschuldet, denen Tausende Bäume zum Opfer fielen. Nach 2002 kommen Walnussbäume leider nicht mehr in den Erhebungen des STATISTISCHEN BUNDESAMTES vor, weil die untere Erfassungsgrenze für die Erhebung in der Zwischenzeit von 15 auf 30 Ar Baumobstanbaufläche angehoben wurde, und die Walnuss wohl zumeist auf kleineren Flächen zu finden war.

Bei rückläufigen Beständen steht folglich auch das Holz der Walnuss in abnehmenden Mengen zur Verfügung. Trotz seiner hohen Wertschätzung hat es nie Eingang in die Edellaubholzwirtschaft der Wälder gefunden. Erst in den letzten 20 Jahren erfolgten Versuche und Züchtungen zur waldbaulichen Nutzung, bisher aber bleibt die Verwendung auf den luxuriösen Möbel- und Innenausbau beschränkt. Bis 1970 wurden Walnussversuche vom Forstamt Eberswalde durchgeführt, von denen aber heute keine nennenswerten Bestände mehr existieren.

Forschungsbestrebungen zum Walnussanbau

Von 1936 bis 1942 waren in der Forschungsstelle Schalenobst in Geisenheim 1.600 Herkünfte aus dem damaligen Deutschen Reich begutachtet worden. Die Sortenprüfung und Auslese überließ sieben „Nummernsorten", die heute das deutsche Standardsortiment darstellen. Die Hauptkriterien bei der Selektion in Geisenheim waren das Fruchtgewicht (mehr als neun Gramm), die Schalenbeschaffenheit (dünn bis mittel), das Kern-Schalen-Gewichtsverhältnis (1 : 1), die Kernqualität (vollends ausgebildet, hell, locker in der Schale, süßes, „nussiges" Aroma), die Resistenz gegen Krankheiten und Fröste sowie der Ertrag.

Die Versuchsanlagen in Geisenheim wurden Ende der 1990er aufgrund des hohen Flächenaufwands bei zu langwierigen Ergebnissen aufgegeben, heute findet dort nur noch eine Vermehrung von Edelreisern für die Veredlung in Baumschulen statt. Dieses wertvolle Genreservoir laufe laut LINDEMANN jedoch Gefahr, verordneten Einsparungsmaßnahmen zum Opfer zu fallen.

In der Forschungsanstalt Dresden-Pillnitz wurden in den 1970er- und 1980er-Jahren ebenfalls drei Sorten für das DDR-Walnusssortiment selektiert; dieser Zweig der Obstforschung in Ostdeutschland ist aber völlig zum Erliegen gekommen. Derzeit stehen in Deutschland nur noch in der LVWO Weinsberg Walnussanlagen unter Beobachtung, es werden aber keine größeren Forschungsarbeiten mehr auf dem Gebiet der Walnuss durchgeführt.

In Tabelle 4 (S. 26) werden die wichtigsten aus Deutschland stammenden Züchtungen beziehungsweise Auslesen aufgeführt. Einige davon werden aufgrund nachteiliger Eigenschaften heute kaum reproduziert, aber insbesondere die Nummernsorten sind in hiesigen Baumschulen noch maßgeblich vertreten. Diese Sorten haben sich an den meisten Standorten in Deutschland bewährt und zeichnen sich praktisch alle durch eine sehr gute Nussqualität aus.

Tabelle 4: Das „neue" deutsche Walnusssortiment. Nach Stritzke 1961, Körber 2008 und Rueß 2011

Sorte/Zuchtstation	Herkunft	Anbauwert
´Nr. 26´ / GS (´Geisenheimer Walnuss´)	Geisenheim/ Rüdesheim	Hoch, sehr widerstandsfähig gegen *Marssonina*-Befall. Als Einzelbaum geeignet, da apomiktisch fruchtend, daher gut für Hausgärten, aber auch auf etwas schlechteren Standorten. Leicht anfällig für Holzfröste, da später Triebabschluss. Relativ kleine Nuss.
´Nr. 120´ / GS (´Moselaner Walnuss´)	Güls/Mosel	Eine der besten deutschen Sorten mit hohem Ertrag, vorwiegend für den Erwerbsanbau. Später Ertragseintritt. Häufig anfällig für Bakteriosen, neigt zu Apomixis. Große, ansehnliche Nuss.
´Nr. 139´ / GS (´Weinheimer Nuss´)	Weinheim	Trägt früh, reich und regelmäßig. Gute Nussqualität. Gut für Hausgärten, nur in feuchten Jahren Probleme mit Blattkrankheiten. Ist glattschalig (muss also nicht gesäubert werden) und neigt zu Apomixis. Mittelgroße Frucht.
´Nr. 175´ / GS	Niederbayern	Hoher, regelmäßiger Ertrag, geringe Empfindlichkeit gegen Blattkrankheiten. Große Nuss.
´Nr. 286´ / GS (´Spreewälder Walnuss´)	Straupitz/ Spreewald	Wertvoll für den allgemeinen Anbau, wo Spätfröste den Austrieb nicht stören. Frucht relativ klein.
´Nr. 1239´ / GS (´Rote Donaunuss´)	Ybbs/Donau	Kleine Frucht mit gutem Geschmack und roter Kernhaut. Spätfrostgefährdet, nur für freie Standorte wegen der Anfälligkeit für Blattfleckenkrankheiten.
´Nr. 1247´ / GS (´Kurmarker Nuss´)	Mehlen/ Kurmark	Für ungünstige (Höhen-)Lagen, erleidet aber häufig Spätfrostschäden wegen des frühen Austriebs.
´Wunder von Monrepos´ / GS	Geisenheim	Für den Einzelstandort und klimatisch ungünstigere Lagen geeignet. Robuste Sorte und sehr gute Tafelnuss.
´Pillnitzer Große´ / DP (Pferdenuss)	Dresden-Pillnitz	Extrem große, eckige, leicht gefurchte Nuss mit fester Schale und leicht lösbarem Kern. Ausgesprochene Liebhabersorte, wegen der Fruchtgröße beliebt zum Vergolden als Christbaumschmuck.
´Ockerwitzer Lange´/ DP	Ockerwitz/ Dresden	Frostwiderstandsfähigkeit gering, kann aber sehr gut in geschlossenen Pflanzungen angebaut werden. Große Früchte. Gedeiht auch in höheren Lagen.
´Seifersdorfer Runde´/ DP	Seifersdorf/ Dippoldiswalde	Gute bis sehr gute Erträge von hochwertigen Früchten. Stellt wenige Ansprüche an den Boden. Für Spätfrostlagen ungeeignet (sehr früher Austrieb).
´Weinsberg 1´ / WB	LVWO Weinsberg	Kleinkronigste Sorte mit schwächerem Wuchs. Sehr ansprechende Früchte, lösen gut aus der Schale. Anfällig für Schalenbrüchigkeit und Blattflecken.
´Red Rief´ / WB	LVWO Weinsberg	Eiförmige, leicht spitze Nuss mit mittelfester Schale und intensiv rotem Kern, der geschmacklich hervorsticht. Leicht anfällig für Blattkrankheiten, Erträge nur mittel.

Zuchtstationen abgekürzt: GS = Geisenheim, WB = Weinsberg, DP = Dresden-Pillnitz

Ertragsparameter

Veredelte Walnussbäume tragen im Schnitt ab dem dritten bis achten Standjahr und gehen ab dem 8. bis 15. Jahr in den Vollertrag. Sämlingsbäume brauchen bis zu zehn Jahre länger, bis sie die ersten Blüten ansetzen. Der Zeitpunkt des Ertragseinstiegs ist aber jeweils abhängig von der erwünschten Stammhöhe, auf die abgezielt wird. (vgl. Kapitel „Walnussanbau zur Holzproduktion“ S. 72). Die Umtriebszeit von modernen Walnussanlagen beträgt etwa 50 Jahre, wobei mit 40 Vollertragsjahren gerechnet werden darf.

In der Praxis werden Ertragsleistungen von Sämlingsbäumen mit zwölf Kilo pro Baum und von veredelten Bäumen mit bis zu 50 Kilo pro Baum angegeben. Die damals zehnjährigen Geisenheimer Versuchsbäume trugen zu MAURERs Zeiten 15–35 Kilo Trockennüsse pro Baum. Nach JACOB betrug der baumfallende Ertrag der Geisenheimer Sorten in der dortigen Versuchsanlage aber auch im langjährigen Durchschnitt etwa 35 Kilo pro Baum, also etwa 4.000 Kilo Trockennüsse bei 120 Bäumen pro Hektar. Daher könne in Deutschland bei der Walnuss mit vier bis sechs Tonnen pro Hektar und Jahr gerechnet werden.

In Weinsberg wurden diese Werte jedoch nicht erreicht, hier wird im langjährigen Durchschnitt von 1,5 Tonnen pro Hektar gesprochen (RUESS, persönliche Mitteilung). Im Vergleich dazu geht man in Kalifornien fast von der dreifachen Menge aus und rechnet auch in Frankreich bei 30- bis 60-jährigen Bäumen mit 50 Kilo Ertragsmenge pro Jahr und Baum. Allerdings kommen hier vor allem lateral tragende Sorten zum Einsatz (siehe Sortenbeschreibungen im Anhang).

Sämlingsbäume tragen zudem meist nicht jedes, sondern nur jedes zweite Jahr reichlich und bringen als ausgewachsene Solitärbäume angeblich die höchsten Erträge.

Tabelle 5: Ertragswerte nach verschiedenen Autoren.

Veredelte Bäume		Ertragseinstieg	Vollertragsalter	Kulturdauer	Vollertrag pro Jahr
MAURER 1968		3.–4. Jahr	ab dem 15. Jahr	–	15–35 kg/Baum (10-jährige Bäume)
SCHAARSCHMIDT 1999		ab dem 7. Jahr	ab dem 15. Jahr	–	50 kg/Baum
JACOB 2008		–	40 Jahre lang	50 Jahre	35 kg/Baum (4–6 t/ha/Jahr)
GERMAIN et al. 1999	´Lara´	< 5 Jahre	mit 8–9 Jahre	35 Jahre	4–5 t/ha
	´Fernor´		mit 12 Jahren	40 Jahre	3–3,5 t/ha
GUBLER 2013	´Franquette´	ab dem 6. Jahr	mit 20 Jahren	55 Jahre	2–2,5 t/ha
RUESS 2013		–	–	–	1,5 t/ha

Gründe für den Rückgang des Walnussanbaus in Deutschland

Die erwähnten Bestandsrückgänge durch Extremwinter und die Gewehrschaftherstellung sind die eine Seite des Leidenswegs deutscher Walnussbäume. Auf der anderen Seite ist die Walnusskultur stark an die Nutzung durch den Menschen gebunden, da sie sich aufgrund ihrer Konkurrenzschwäche kaum auf natürlichem Wege verbreitet.

Neben den strebsamen Forschungsansätzen in den 1940er-Jahren, die vor allem auf die Walnuss als für den Kriegseinsatz geeignete Holzart und energiereichen Truppenproviant abzielten, konnte schon wenige Jahre später kein größerer Nutzen mehr in dem Anbau von Walnussbäumen ersehen werden. Die Industrialisierung der Landwirtschaft (siehe Schaukasten) hielt auf vielen Ebenen in Deutschland Einzug und verdrängte alte, weniger produktive und daher scheinbar unnütze Kulturarten und Sorten von den Flächen. Gefragt waren nun vorwiegend Kulturen, die schnelle und hohe Erträge pro Hektar versprachen, auch im Obstbau. Eine langwierige Kultur wie die Walnuss, die eher gemächlich in ihre Vollertragsphase hineinwächst und dann auch etliche Jahre die Flächen belegt, fand hier keinen Platz mehr.

Das Interesse am Walnussanbau schwand und damit auch etwaige Forschungsbestrebungen. Erntemengen wurden nicht mehr erfasst und entsprechende Nachpflanzungen, die die Verluste der Vorjahre hätten ausgleichen können, blieben aus. Die Walnuss verschwand aus dem Praxis- und Kulturwissen der Bevölkerung und geriet in ihre bis heute bestehende Position als unbeachtete Randkultur.

Der Rückgang der Wertschätzung von Walnussbäumen in der deutschen Obstbaukultur kann auch anhand der zur Verfügung stehenden Fachliteratur sowie kompetenter Berater abgelesen werden: Nachschlagewerke sind veraltet, Spezialisten für den Walnussanbau ausgesprochen rar und die Anreizpunkte für potenzielle Anbauer dementsprechend gering.

Hintergrundwissen: **Industrialisierung der Landwirtschaft**

Mit der wissenschaftlich-technischen Basis der Industriellen Revolution änderte sich alles. Kunstdünger, Maschinen und Züchtungserfolge führten zu einer hoch technisierten, industriellen Landwirtschaft mit enormen Erträgen:

- **Der erste Traktor** mit Benzinmotor wurde 1892 entwickelt; ab 1920 setzten sich die Traktoren in den USA, ab 1930 in der Sowjetunion und ab 1950 in Europa durch.
- **Der Kunstdüngereinsatz** stieg von vier Millionen Tonnen im Jahr 1940 auf zunächst 40 Millionen Tonnen im Jahr 1965 und schließlich auf fast 150 Mill. t im Jahr 1990.
- **Hochertragssorten** wurden in der „Grünen Revolution" entwickelt und verbreitet: 1930 stand Hybridmais auf einem Prozent der Maisanbaufläche der USA, 1970 machte er über 99 Prozent der Anbaufläche der Vereinigten Staaten aus.

Quelle: http://www.oekosystem-erde.de/html/industrielle_landwirtschaft.html

Heutige Produktionsstandorte

Für meine Masterarbeit habe ich versucht, so viele praktizierende Betriebe wie möglich aufzusuchen, mir deren Voraussetzungen und Erfahrungen zu Gemüte zu führen und erste Schlüsse für einen potenziellen Walnussanbau in Brandenburg zu ziehen.

Bei den erkundeten Betrieben handelte es sich meist um vielseitige Obstbaubetriebe, die teilweise seit über 50 Jahren (einer seit mehr als 150 Jahren!) existieren und sich im Schnitt seit den frühen 1990er-Jahren mit der Walnuss beschäftigen. Sie liegen breit über Deutschland verstreut und erwirtschaften mit den Walnüssen auf zwischen zwei und sieben Hektar maximal 10 Prozent des Betriebseinkommens. Die Arbeiterbesatzung reicht vom Ein-Mann-Projekt bis hin zum Familienbetrieb mit ganzjährigen Aushilfen und Leiharbeitern bei Arbeitsspitzen. Die Idee zu der besonderen Kultur entstand meist aus dem Wunsch heraus, mit einer pflegeleichten Kultur das bisherige Sortiment aufzuwerten.

Zudem wurden drei junge Betriebe in Norddeutschland besucht, die in den letzten zehn Jahren Walnüsse gepflanzt haben, deren Anlagen aber noch keinen ernst zu nehmenden Ertrag erbringen. Diese Flächen bewegen sich in einer Größenordnung zwischen 8 und 14 Hektar und sind auf eine ökologische Erzeugung (EG-Bio) ausgerichtet. Sie sind als Nebenerwerbsbetriebe geplant und kommen mit einer bis drei (meist Familien-) Arbeitskräften aus. Der Anreiz zum Walnussanbau lag teils in der Suche nach einem Nischenprodukt mit wenig Aufwand und ästhetischem Anspruch, teils im grundsätzlichen Interesse an der Walnuss.

Tabelle 6: Vergleich der aufgenommenen Betriebsdaten

Region	**Hamburg**	**Magdeburg**	**Stuttgart**	**Freiburg**
Fläche	3–4 ha, Bio	2 ha	> 4 ha	7 ha
Boden	sandiger Lehm	gut bis sehr gut	Lösslehm	85–95 Pkt
Durchschnitts-jahrestemperatur	8,9 °C	8,7 °C	9,5 °C	10,8 °C
Jahresniederschlag	771 mm	494 mm	666 mm	956 mm
Durchschnittsalter der Bäume	45 Jahre	20 Jahre	20 Jahre	25–30 Jahre
Wirtschaftsfaktor ja/nein	ja	nein	ja	ja
Sortenherkünfte	Sämlingsbäume aus der Region	D, CZ, H	H	D
Abstände	15 m einreihig	11 x 11 m	9 x 6 m	12 x 15 m
Stammhöhen	mind. 2 m	2,20 m	2–2,50 m	> 2 m
Vollertragsalter	nach 15 Jahren	nach 12 Jahren	nach 6 Jahren	nach 8–15 Jahren
Trockenertag pro ha und Jahr	–	–	–	max. 3 t/ha
Hauptproduktform	Frischnuss	Trockennuss	Trockennuss	Trockennuss
Weiterverarbeitung ja/nein	nein	nein	ja	ja
Vermarktungswege	Großhandel	Großhandel	Hofladen, LEH	Großhandel
Trockenerlöse pro kg nach Kaliber	3,50–4,50 €	1,50–2,20 €	LEH: 4,00 € Direkt: 4,90–5,50 €	2,80 €–3,50 €

Standortbedingungen

Die Walnuss gilt gemeinhin als anspruchslos. Ihr Anpassungsvermögen und ihre robuste Natur würden sie zu einer äußerst pflegeleichten Kultur erheben. Tatsächlich ist sie aber in ihren Anforderungen an den Standort weniger genügsam, als allgemein angenommen wird. Besonders die kontinuierliche Wasserversorgung während der Vegetationsperiode und die hohe Spätfrostgefährdung sind hier zu nennen. Auch kleinklimatische Verhältnisse sollten Beachtung finden und bei der Sortenwahl berücksichtigt werden.

Klima

Die Walnuss ist wärmebedürftig, vor allem zur Blüte und zum Triebabschluss braucht sie gleichmäßige Temperaturen im Plusbereich. In den Hauptanbaugebieten finden wir ohne Ausnahme Jahresdurchschnittstemperaturen von über 10 Grad und zwischen 19 und 21 Grad in den Monaten Mai bis September, in deutschen Lagen mit Walnussanpflanzungen entsprechend um die neun Grad beziehungsweise 16 Grad.

Hinzu kommt die Frostempfindlichkeit des Nussbaumes – sowohl bei sehr tiefen Winterfrösten, aber besonders bei Spätfrösten im Frühjahr: Haben die Bäume dann schon angefangen auszutreiben, erfrieren die jungen Sprosse. Daraufhin treiben zwar schlafende Knospen aus und reparieren den Schaden umgehend, aber die Blüten und damit auch der Fruchtansatz sind zerstört – die Ernte gerät ernsthaft in Gefahr. Bereits null Grad Celsius genügen bei Spätapril- und Maifrösten, um erheblichen Schaden zu verursachen und die Bäume langfristig zu schwächen, weil sie die verloren gegangenen Assimilationsflächen erst neu aufbauen müssen. Diese Bäume gehen auch mit einem erhöhten Risiko zu Winterfrostschäden in die nächste Kaltperiode.

Die Folgen der Winterfrostempfindlichkeit wurde in den Extremwintern 1928/29, 1956/57 und 1986/87 durch starke Ausfälle dokumentiert. Besonders Sorten mit verspätetem Triebabschluss im Herbst können durch Frühfröste geschädigt werden. Bei der Sortenwahl ist daher die Frostempfindlichkeit unbedingt zu berücksichtigen, zudem sind veredelte Bäume grundlegend anfälliger für Frostschäden als Sämlingsbäume. Die Anbaugrenze befindet sich laut BÖHNER etwa bei einer Jahresisotherme von fünf Grad.

Wärme und Licht können also als die bestimmenden Größen in der ohnehin kurzen Vegetationsperiode genannt werden, die bei mangelnder Präsenz zum einen die Holzausreife gefährden und damit schwere Frostschäden initiieren, zum anderen die Menge, den Fettgehalt, die Haltbarkeit und Gesamtqualität der Nussernte negativ beeinflussen können.

Exposition

Zum eben beschriebenen Makroklima ist aber vor allem auch das Klein- oder Mikroklima ausschlaggebend, denn selbst in sonst rauen Gegenden können geschützte Stellen hervorragende Standorte darstellen.

Hanglagen, vor allem West- und Südwesthänge, begünstigen den Abfluss der Kaltluft und sind daher gut geeignet. Ostseiten sind den kalten Winden ausgesetzt und sollten ebenso wie Täler, in denen sich die Kaltluft sammelt, ausgeschlossen werden. Windexponierte Lagen sind generell ungeeignet, da die Äste leicht brechen und das weiche Laub ebenso wie die heranreifenden Früchte leicht beschädigt werden können. An Südhängen wiederum treiben die Bäume häufig zu früh aus, sodass das Spätfrostrisiko steigt.

In höheren Lagen findet man oft die gesündesten und ältesten Exemplare. In geschützten Tallagen hingegen ist die Krankheitsanfälligkeit höher, außerdem reifen hier die Triebe oft schlecht aus, was zu erhöhten Frostschäden führen kann.

Zugige und sonnenarme Standorte fallen also ebenso wie Lagen mit regelmäßigen Frühjahrsfrösten und bald einsetzenden Herbstfrösten aus. Teilweise kann hier allerdings mit Windschutzpflanzungen und größeren Baumabständen für höhere Temperaturen und mehr Licht gesorgt werden.

Boden

Im Konsens der Autoren wächst *J. regia* auf fast allen Bodentypen, liebt aber tiefgründigen, durchlässigen, warmen, humus- und kalkreichen, vor allem aber genügend feuchten Acker. Sandige Lehmböden und auch gut verwitterte Kalk-, Schiefer- und Urgesteinsböden sind vorteilhaft, magere Sandböden führen ebenso wie kalte, bindige, undurchlässige Standorte zu Mangelerscheinungen und vielfältigen Wachstumsdegressionen. Sehr feste, tonige Böden können höchstens nach Aufsprengung bepflanzbar gemacht werden – teilweise wurden entsprechende Pflanzgruben sogar mit Bauschutt aufgefüllt, um eine bessere Durchlüftung und Erwärmung des Bodens zu generieren.

Zu hohe Bodenfeuchtigkeit führt zu schlechter Holzausreife und erhöhter Frostgefahr. Die Walnuss tritt als Begleitpflanze der Edelkastanie auf, die nur auf ausgesprochen sauren Böden (pH 3,5–5) vorkommt, weshalb sie auch auf kalkarmen, sauren Böden mit bestem Erfolg kultiviert werden kann. Der optimale pH-Wert liegt aber zwischen 6,5 und 7,5 – bei über 8,0 bekommen die Bäume Chlorosen.

Noch 1968 tritt MAURER der Ansicht, dem Walnussbaum sei bezüglich seiner Bodenansprüche eine besondere Genügsamkeit zuzuschreiben, entschieden entgegen. Die Auswahl des Bodens richte sich nach dem Wurzelverlauf der Bäume, insbesondere dem der Unterlagen. Bei der Pflanzung, Bodenpflege und Düngung von Walnussbäumen sei zu berücksichtigen, dass schon nach 20 Jahren die Wurzeln bei einigen Exemplaren um das Fünf- bis Sechsfache über die Kronentraufe hinausgingen.

Wasserverhältnisse

Die Bäume brauchen etwa 750 Millimeter Wasser im Jahr, wobei auch Versuchsanlagen in Regionen mit durchschnittlich 460 Millimeter Niederschlag erfolgreich betrieben wurden. Der Wasserbedarf der Walnuss wird aber allgemein unterschätzt, die sehr hohe Transpirationsrate während der Vegetationsperiode aufgrund der großen Laubfläche sei oft der begrenzende Faktor für Wachstum und Ertrag. Besonders zu Vegetationsbeginn und bis Mitte Juli benötigt der Baum genügend Feuchtigkeit, um große Nüsse ausbilden zu können. Ein trockener Herbst hingegen fördert die Holzausreife. Eine Frühjahrstrockenheit kann die Befruchtung stark einschränken, andererseits begünstigen regenreiche Regionen und Jahre das Auftreten von Blattkrankheiten.

Ein Grundwasserstand von über 80 Zentimetern wird ebenso wenig wie stauende Nässe vertragen, die die Wurzelrübe faulen lässt. Fließendes Grundwasser jedoch, das genügend Sauerstoff an die Wurzeln bringt, wird akzeptiert – ebenso wie sauerstoffreiches Hochwasser.

Tabelle 7: Zusammenfassung der Ansprüche an den Standort

	optimal	hinreichend	eher ungünstig
Jahresdurchschnitts-temperatur	> 10 °C	8–9 °C	< 5 °C
Temperaturdurchschnitt Mai–September	um 20 °C	15–16 °C	k.A.
Wasserbedarf (v.a. Mai–Juli)	750 mm	460 mm	k.A.
Bodenart	sandiger Lehm	verwitterte Kalk-, Schiefer- und Urgesteinsböden	magerer Sand, undurchlässiger Ton
pH-Wert	6,5–7,5	5–8	< 5 , > 8
Grundwasserstand	~ 150 cm	> 80 cm	< 80 cm, > 200 cm
Exposition	West- und Südwesthänge	sonnige, windgeschützte Ebenen	Täler, Ost- und Südhänge sowie windexponierte Lagen
Sonstiges	geringe Spätfrostgefährdung (> 1 °C Ende April/Mai), später Frosteinzug im Herbst		

Zu den klimatischen Standortansprüchen habe ich zur Veranschaulichung von unserem GIS-Zentrum Karten erstellen lassen, die das regionale Potenzial in Deutschland zur Erfüllung der beschriebenen Anforderungen abbilden sollen. Leider standen hierfür nur für die Jahresdurchschnittstemperatur sowie für die Jahresniederschlagssummen deutschlandweit genügend Basisdaten zur Verfügung.

Die Verteilung der als „optimal für den Walnussanbau" zu bezeichnenden Regionen liegt schwerpunktmäßig deutlich im Südwesten der Republik entlang des Rheins, wo sich ja bis heute der Schwerpunkt der deutschen Walnussvorkommen befindet. Allerdings zeigen sich auch für Gebiete im Osten zumindest für die Temperaturverhältnisse äußerst günstige Regionen, die allerdings unter Umständen eine zusätzliche Zufuhr von Wasser während der Vegetationsperiode erfordern.

Es sei deutlich erwähnt, dass diese Darstellung den Walnussanbau für alle schlechter abschneidenden Regionen Deutschlands nicht ausschließt. Vielmehr sollen hier Risiken und Hürden leichter erkannt werden. Ein kleinräumlich optimaler, vom Mikroklima her äußerst geeigneter Standort kann aber überall in Deutschland gefunden beziehungsweise geschaffen werden.

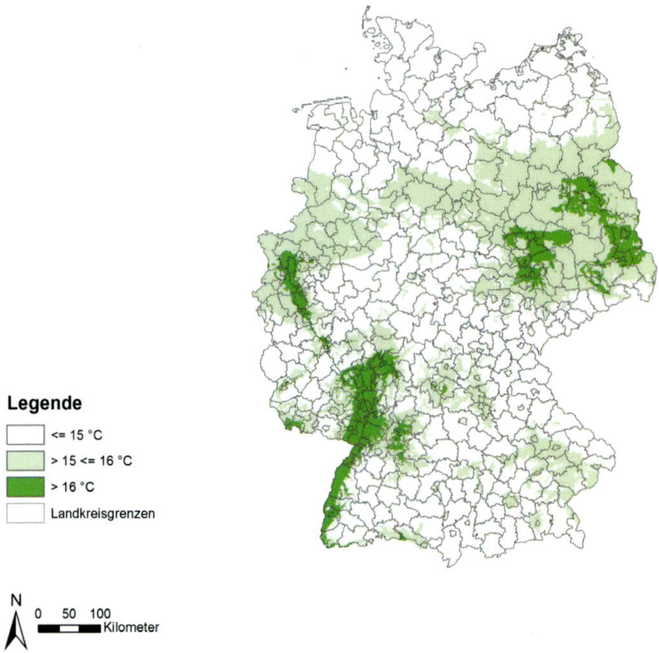

Abb. 12: Temperaturdurchschnitt Mai–September

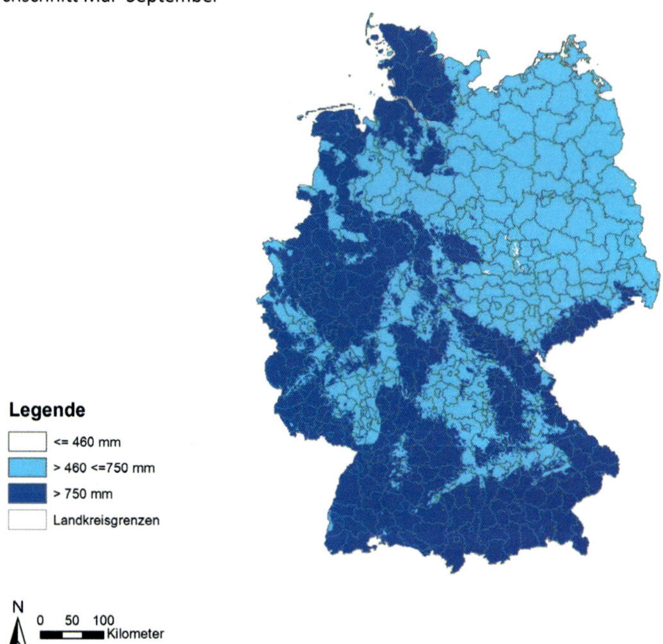

Abb. 13: Jahresniederschlag

Internationale Forschung und Sortenzucht

Die bedeutenden Forschungsarbeiten auf dem Gebiet der Walnuss erfolgen maßgeblich in den Ländern, wo der Walnuss eine weitaus größere Anbaubedeutung zukommt: Kalifornien gilt mit seinen knapp 90.000 Hektar Walnussplantagen als das Zentrum der wissenschaftlichen Züchtung und Entwicklung. Auch Frankreich (rund 17.000 Hektar) hat mehrere Forschungszentren, die sich mit der Produktion von Walnüssen beschäftigen. Geringe Informationen liegen vom Spitzenreiter China (190.000 Hektar) vor, wobei auch hier eine intensive Forschungsarbeit anzunehmen ist.

In diesen Ländern wurden in jüngerer Zeit viele neue, besonders frostresistente Sorten und solche mit optimalem Kern-Schalen-Verhältnis ausgelesen und weitergezüchtet. Die Wertprüfung konzentriert sich hier hauptsächlich auf Ertragsleistung, Wuchsstärke, Austriebtermin, Frosthärte, Blühtermin, Triebabschluss und Erntetermin, auf das Vorliegen von Apomixis und auf Merkmale der Fruchtqualität wie Textur und Farbe des Kerns, Kernanteil, Mächtigkeit der Schale, Schalenabschluss, Lösbarkeit aus der Schale, Geschmack und Lagerfähigkeit.

Heute gibt es von der Züchtungsregion abhängige, weitläufige Unterschiede in den Qualitäten der Selektionen. Zum Beispiel gelten bulgarische und französische Sorten generell als solche mit spätem Triebabschluss. Auch in der Anfälligkeit für Krankheiten und Schädlinge unterscheiden sich die jeweiligen Herkünfte teils erheblich. Im Detail sind derartige Informationen im Kapitel „Krankheiten, Schädlinge und Schäden an der Walnuss" ab Seite 81 sowie im Sortenkatalog im Anhang beschrieben. Hier zunächst ein Überblick:

Amerikanische Walnusssorten wurden meist mit französischen Ausgangsherkünften gezüchtet. Zu den hier bekannten zählen ´Santa Barbara´, ´Eureka´, ´Concord´ und ´Placentia´ sowie ´Lake´, ´Vina´ und ´Chico´. In Davis an der UNIVERSITY OF CALIFORNIA, DEPARTMENT OF HORTICULTURE zentriert sich die Forschung zu Walnüssen in den USA.

Bulgarische Walnusssorten wurden für Anbauversuche in die DDR eingeführt. Sie zeigten wohl einen späten Triebabschluss, was auf eine mangelnde Winterfrostfestigkeit hinwies – diese Eigenschaft konnte aber nicht immer bestätigt werden. ´Proslavski´ und ´Plovdivski´ werden in Deutschland angebaut, in Bulgarien sind ´Schejnovo´, ´Drjanovsky´, ´Dzinowsky´, ´Rosova Dolina´, ´Batschkovski´, ´Orech´, ´Batscho Kiro´ und ´Trojanski´ verbreitet. Es wird am FRUIT GROWING INSTITUTE in Plovdiv geforscht.

Französische Walnusssorten werden relativ häufig in die Bundesrepublik Deutschland eingeführt, erbringen aber nach den Erfahrungen einiger Anbauer hier teilweise nicht die guten Ergebnisse wie in ihrem Heimatland: Das Leistungsvermögen nimmt anscheinend ab, je weiter östlich der Anbau erfolgt. Als Haupteigenschaften kann man die aufrechte Kronenform, den (sehr) späten Austrieb und die gute Kernqualität nennen. In der Regel benötigen sie bestimmte Befruchtersorten. Die absolute Hauptsorte in Frankreich ist ´Franquette´, gefolgt von ´Parisienne´, ´Mayette´ und ´Lara´. Eine Neuzüchtung aus ´Franquette´ und ´Lara´ wurde ´Fernor´ getauft. Weitere französische Sorten sind

´Ferankel´, ´Fernette´, ´Mait´, ´Marbots´, ´Cornes´, ´Grenobles´, ´Bijou´, ´Grandjean´ und ´Scharsch´.

Es gibt drei große Zuchtstationen in Frankreich: das INSTITUT NATIONAL DE LA RECHERCHE AGRONOMIQUE; UNITÉ DE RECHERCHES SUR LES ESPÈCES FRUITIÈRES ET LA VIGNE (UREFV) in Villenave d´Ornon, das INSTITUT NATIONAL DE LA RECHERCHE AGRONOMIQUE; UNITÉ DE RECHERCHES FORESTIÈRES MÉDITERRANÉENNES in Avignon und die STATION EXPÉRIMENTALE DE CREYSSE in Creysse.

Kanadische Walnusssorten sind zum Teil besonders in Nordwesteuropa verbreitet worden. ´Broadview´ aus British Columbia ist derzeit die Hauptanbausorte in Holland.

Bei den **österreichischen Walnusssorten** ist vor allem die ´Nr. 1239´ aus Ybbs an der Donau zu nennen, die allgemein zum deutschen Sortenspektrum gezählt wird, aber aus Österreich stammt.

Rumänische Walnusssorten sind ´Sibisel´, ´Geoagin´, ´Pestisani´, ´Ostrov´ und ´Falticeni´. Die aktiven Forschungsinstitute sind das FRUIT RESEARCH INSTITUTE in Pitesti-Maracineni, das INSTITUTUL DE CERCETARE SI PRODUCTIE, POMICOLA, PITESTI, MARACINENI, STATIUNEA DE CERCETARE SI PRODUCTIE POMICOLA in Hunedoara, das STATIUNEA DE CERCETARE DEZVOLTARE POMICOLA VÂLCEA in Vâlcea und die UNIVERSITY OF CRAIOVA, FACULTY OF HORTICULTURE in Craiova.

Schweizer Walnusssorten sind in der SWISS FEDERAL RESEARCH STATION in Wadenswill sehr detailliert beschrieben worden. Zu ihnen gehören, neben vielen anderen ´Fischenthal´, ´Giswil´, ´Grafenried´, ´Hinterforst´ und ´Nyffenegger´.

Tschechische Walnusssorten wurden in der DDR etabliert, da in den eigenen Baumschulen kaum Walnussveredelungen erzeugt wurden und deshalb entsprechendes Pflanzmaterial aus der damaligen CSSR importiert wurde. Es sind die Sorten ´Apollo´, ´Jupiter´ und ´Mars´, die hierzulande gepflanzt wurden und werden, außerdem sollten ´Buchlov´, ´Magdon´ und ´Saturn´ aus der Tschechischen Republik erwähnt werden.

Ungarische Walnusssorten wurden hauptsächlich im letzten Drittel des vergangenen Jahrhunderts von der Versuchsanstalt in Weinsberg besonders empfohlen und in die Bundesrepublik Deutschland eingeführt. Von ihnen existieren neue Hybriden, die auch an Lateralknospen fruchten. Da diese später austreiben, sind sie durch Spätfröste weniger gefährdet, sie fruchten zudem früh und reich und sind auch hinsichtlich der Nussqualität schwer zu übertreffen. Die geläufigen Sorten heißen ´Alsoszentivani 117´ (auch: ´A 117´), ´A 118´, ´Milotai 10´ (M 10), ´Eszterhazai II´ (auch: ´Easterhazy II´), ´Tiszacsecsi 2´ (auch: ´T 2´), ´T 56´ und ´T 83´ sowie ´Festödi´ und ´Penci´ und wurden im RESEARCH INSTITUTE OF FRUITGROWING AND ORNEMENTALS in Budapest gezüchtet.

Ein Großteil der in Deutschland und Einzugsbereich bekannten Sorten ist im Anhang ab Seite 117 aufgelistet und genau beschrieben. Ebenfalls im Anhang befinden sich die Kontaktdaten zu den wichtigsten momentan aktiven Forschungsstationen weltweit.

Das Geheimnis der Walnussveredlung

Die wenigen auf die Walnuss spezialisierten Veredler liegen größtenteils im Südwesten des Landes und haben teilweise vor mehr als 30 Jahren mit der Walnussveredlung begonnen. Es erfolgte bald die Spezialisierung und man erarbeitete sich eine gewisse Monopolstellung im Bereich der schwierigen Walnussveredlung. Denn nur wenige Gärtner haben die Kenntnisse, das Fingerspitzengefühl und auch den Mut, sich mit der Veredlung der Walnuss zu beschäftigen, da die geringe Anwuchsrate, gelegentliche Totalausfälle und ein hoher Arbeitsaufwand bei der Anzucht der Heister dies zu einem risikoreichen Unterfangen machen.

Um die Nachfrage nach jungen Walnussbäumchen dennoch zu bedienen, kommt auch der einfachen Vermehrung aus dem Samen eine gewisse Bedeutung zu, obwohl sie der vegetativen Vermehrung gegenüber eindeutige Nachteile aufweist.

Warum veredeln?

Die Veredlung gilt als beste Methode, die gewünschten Eigenschaften durch erbgleiche Nachkommenschaft zu erzielen und bereits nach wenigen Jahren die erste kleine Nussernte zu verzeichnen. Dies erklärt sich durch die Trennschicht zwischen Unterlage und dem Reis, die sowohl den Transport von der Wurzel nach oben (Wasser, Nährstoffe) als auch von oben nach unten (Assimilate) beeinträchtigt. Alles, was das vegetative Wachstum hemmt, fördert die generative Entwicklung einer Pflanze und damit die Samenbildung.

Sämlingsbäume gehen hingegen sehr spät in Ertrag und ihre Wuchs- und Qualitätseigenschaften sind unvorhersehbar. So können Ertragsleistung und Größe der Früchte stark schwanken, ebenso wie Frosthärte und Spätfrostgefährdung. Diese Merkmale sind bei den Sortenzüchtungen differenziert ausgeprägt, was eine bessere Standortabstimmung ermöglicht und das Anbaurisiko verringert.

Im Laufe der Jahre haben sich jedoch auch andere Baumschuler der Herausforderung angenommen, die Walnuss erfolgreich veredeln zu können. Immer mehr kleine Hobbyveredler setzen sich mit den Kniffen dieser speziellen Art auseinander und üben ehrgeizig deren vegetative Vermehrung. Einen großen Beitrag hierzu dürfte HANS-SEPP WALKER mit seinen Internetvideos zu den Techniken der Walnussveredlung geleistet haben. Der Schweizer ist ein Fachmann der Walnussveredlung mit viel theoretischem und praktischem Hintergrundwissen, das er auf seiner Homepage und bei Veredlungskursen stetig weitergibt.

Die in Deutschland vermehrten Sorten haben ihren Schwerpunkt im deutschen Walnusssortiment: Es werden vor allem die Geisenheimer Sorten ´Nr. 120´, ´Nr. 139´, ´Nr. 286´, ´Nr. 1247´, ´Nr. 26´ sowie ´Weinsberg 1´ und ´Esterhazy II´ vermehrt. Bei Extrawünschen werden Veredelungen auch in Lohnauftrag ins Ausland gegeben.

Abb. 14: Anzucht der Edelreiser

Als Unterlage wird größtenteils *J. regia* verwendet, aus Angst vor dem Blackline-Virus (vgl. Kapitel „Viren“ S. 85). In geringem Maße kommt aber auch *J. nigra* zum Einsatz, zum Beispiel als schwach wachsendes Walnussbäumchen für Gartenbaucenter: Hier ist das Problem mit der Virusanfälligkeit nicht von Bedeutung, da die Bäume in Privatbesitz das Alter von 40 bis 60 Jahren, ab denen die Schädigung aufträte, oft gar nicht erreichen. In wenigen Baumschulen werden auch *J. intermedia*-Unterlagen für den Einsatz im Forstbereich verwendet.

Zum Schutz vor *Marssonina* und *Xanthomonas* wird in manchen Betrieben vier- bis fünfmal pro Jahr mit Löschkalk gespritzt, dem teilweise Kupfer beigemischt wird. Auch Schwefelbehandlungen gegen die Pockenmilbe werden praktiziert. Beklagt werden zudem die geringen Anwuchsraten zwischen 30 und 60 Prozent, die je nach Holzausreife der Edelreiser stark schwanken würden.

Produktion von Unterlagen

Als Veredlungsunterlagen für die Edelsorten dienen in Deutschland meist zweijährige Sämlinge von *Juglans regia* oder *Juglans nigra*. In China zählen zu den kommerziellen Standardunterlagen zum Beispiel auch *Juglans hindsii*, *Hybrid-Paradox* (*J. hindsii* × *J. regia*) und die Flügelnuss (*Pteriocarya stenoptera*). Diese sind zwar oft leistungsstärker, reagieren aber hypersensitiv auf eine Infektion mit dem CLR-Virus (vgl. Kapitel „Viren“ ab Seite 85)

Die Aussaat für die Produktion von Unterlagen (oder für die einfache Vermehrung über den Samen) erfolgt entweder gleich nach der Ernte im Herbst oder im Frühjahr, wenn der Boden aufgetaut ist. Für die Herbstaussaat wird die grüne Fruchthülle entfernt und die Nuss zum Schutz vor Kahlfrösten mit Sägemehl bedeckt, auch ein Schutz vor Mäusen und Krähen ist bei der Herbstaussaat zu bedenken. Bei einer Aussaat im Gewächshaus bei über 18 Grad kann die Keimung schon nach drei Wochen erfolgen – hier werden die Pflanzen im ersten Jahr im Topf angezogen, dann herausgenommen und über den ersten Winter mit gekürzter Wurzel frostfrei eingeschlagen. Das Auspflanzen ins Freiland erfolgt dann erst im zweiten Jahr. *J. nigra* wird in jedem Fall im Herbst gesät, da die Nuss nicht lagerfähig ist.

Wird eine Frühjahrsaussaat bevorzugt, müssen die Nüsse nach der Ernte bei null bis vier Grad mäusesicher und luftig eingelagert werden. Ab März werden sie dann in fünf bis zehn Zentimeter tiefe Rillen in gut vorbereitete Beete waagerecht in den Boden gelegt. So kann der Keimling eine gerade Wurzel und einen starken Trieb bilden. Die Samen laufen langsam, circa ab Mai, auf und werden im ersten Jahr maximal 40 Zentimeter hoch.

Danach müssen sie verpflanzt oder unterschnitten werden, sonst bilden sie eine zu starke Pfahlwurzel aus, was das spätere Ausgraben für den Verkauf erschwert. Für die Edellaubholzgewinnung hingegen ist die Ausbildung einer kräftigen Pfahlwurzel, die als feste Verankerung dient, vorteilhaft, sodass hier zumeist eine Aussaat direkt am späteren Standort bevorzugt wird.

Veredlungstechniken

Verschiedene Techniken der Walnussveredlung sind tauglich, alle jedoch wesentlich komplizierter als bei anderen Obstarten.

Die Freilandveredlung wird in Kalifornien, Frankreich, Ungarn und Bulgarien mit gutem Erfolg angewandt, während die Ergebnisse dieser Methode in Deutschland stark witterungsabhängig sind und deshalb die Veredlung im Gewächshaus bevorzugt wird. Veredlungstechniken bei Freilandveredlung sind die Kopulation mit Gegenzungen, das Rindenpfropfen mit Sattelschnitt sowie die Ring- und Plattenokulation (Chip-Veredelung).

In Deutschland wird vor allem die maschinelle „Hausveredlung" mit dem Omega-Schnitt betrieben, bei der mechanisch oder pneumatisch angetriebene Veredlungsmaschinen zum Einsatz kommen. Diese Methode erspart das Verbinden der Pfropfstelle und verspricht nach einer warmen Vortriebskur (31–33 Grad) mit anschließender Kellereinlagerung die besten Anwuchsraten bei der Auspflanzung Ende April/Anfang Mai. Neben der Verfügbarkeit von frischem, gesundem Ausgangsmaterial sind die Holzreife des Edelreises und eine konstante Wurzeltemperatur beim Vortreiben grundlegende Voraussetzungen für einen erfolgreichen Anwuchs.

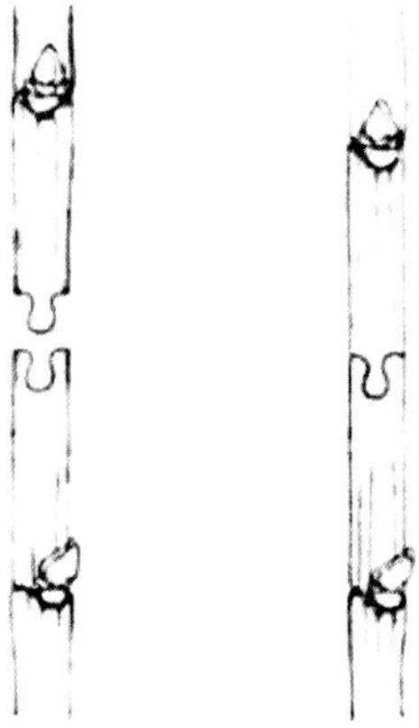

Abb. 15: Omega-Veredlung

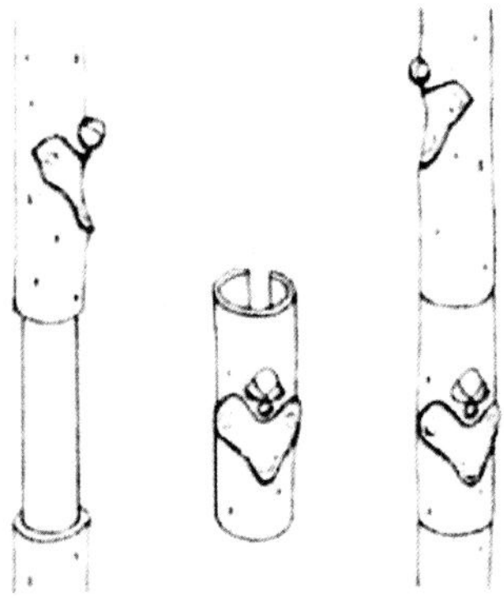

Abb. 16: Ringokulation

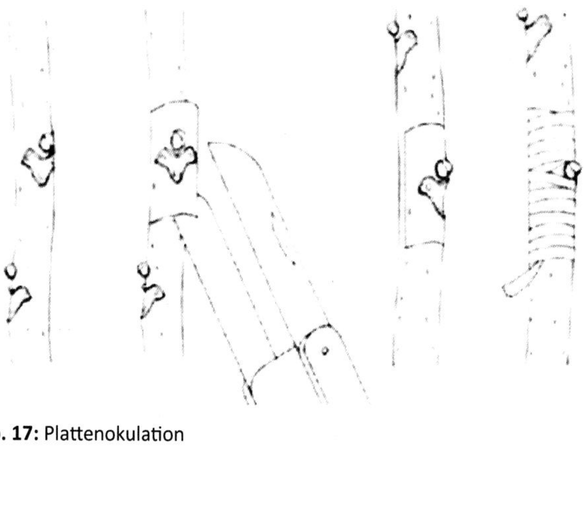

Abb. 17: Plattenokulation

Expertenkommentar: **Dr. Hans-Sepp Walker, Walnussveredlung www.walwal.ch**

Die Veredlung von Walnüssen ist möglich, wenn man weiß wie!
Es ist es schwieriger, Walnüsse zu veredeln als Äpfel oder Birnen. Die landwirtschaftlichen Forschungsanstalten der Schweiz schreiben, dass die Walnussveredlung im Freiland in der Schweiz praktisch nicht möglich ist und dass die einzige wirtschaftliche Veredlungstechnik die Indoorveredlung in Wärmeräumen bei 30 Grad Celsius ist. Analoge Feststellungen gibt es in Deutschland und Österreich.

Ich habe in den letzten zehn Jahren gezeigt, dass Walnussveredlungen in der Schweiz, in Deutschland und in Österreich durchaus möglich sind, sowohl bei Zimmertemperatur (Stubenveredlung) als auch im Freiland, wenn zwei Bedingungen beherrscht werden:

1. Erhöhter Wärmebedarf
Die optimale Temperatur für die Kallusbildung, das heißt das Zusammenwachsen von Veredlungsunterlage und Edelreis durch Zellteilung der Kambiumzellen und Zellneubildung, die in den drei Wochen nach der Veredlung stattfindet, liegt zwischen 26 und 30 Grad Celsius. Diese optimale Temperatur wird bei der Indoorveredlung im Winter in thermostatisierten Wärmeräumen oder -schränken erreicht, wo auch eine hohe Luftfeuchtigkeit eingestellt wird. Ich habe gezeigt, dass die Kallusbildung auch noch zwischen 16 und 25 Grad Celsius stattfindet, einfach etwas langsamer und mit etwas weniger Erfolg. (vgl. dazu meinen Film „Walnuss selber veredeln“ in „Gartenfernsehen Deutschland“, https://www.youtube.com/watch?v=znArELCzecI). Bei der Freilandveredlung kann man den erhöhten Wärmebedarf durch die Verlegung der Veredlung in die wärmsten Monate des Jahres (Juni/Juli) decken, zum Beispiel mit der Plattenokulation auf treibendes Auge im Juni. Ich habe dazu einen Artikel in der „Schweizerischen Zeitschrift für Obst- und Weinbau“ publiziert.

2. Beherrschung der Juglonproblematik
Juglon ist die Wirksubstanz der Walnuss. In seiner aktiven Form hemmt es die Kallusbildung. Es muss deshalb dafür gesorgt werden, dass nicht zu viel Juglon an die Veredlungsstelle gelangt. Dies kann man mit verschiedenen Techniken erreichen, zum Beispiel durch Anbohren der Unterlage bei der Couronne-Veredlung im Freiland (bekannt als Truc de Alain Dupard), durch Kappen der Wurzeln der Unterlagen bei Indoorveredlungen oder durch die Verwendung von Reduktionsmitteln im Veredlungswachs.

Veredlungstechniken
Wenn die beiden Anforderungen erfüllt sind, können eigentlich alle bekannten Veredlungstechniken verwendet werden. Auf meiner Homepage www.walwal.ch habe ich die geläufigsten Techniken beschrieben und Fotos verschiedenster Techniken mit Beschreibungen aufgeschaltet. In Bezug auf den Veredlungsort unterscheidet man Indoor- und Outdoor-(Freiland-)veredlungen. Bei den Indoorveredlungen erreiche ich die besten Erfolge mit der Kopulation, der Kopulation mit Gegenzunge und der Cadillac-Veredlung, bei den Freiland-Veredlungen mit der Couronne-Veredlung Ende Mai und mit der Plattenokulation auf treibendes Auge im Juni mit Erfolgsquoten bis zu 80 Prozent.

Das Handwerk/Veredlungskurse
Um die verschiedenen Techniken bekannt zu machen, habe ich in den letzten Jahren Veredlungskurse in der Schweiz, in Frankreich, Österreich und in Deutschland durchgeführt. Im Kursdokument, das den Teilnehmern gegeben wird, habe ich auf circa 70 Seiten meine Erkenntnisse zur Walnussveredlung zusammengefasst. Ich bekomme auch immer wieder erfreuliche Rückmeldungen von Veredlungserfolgen.

10.3.2016 HSW

Wege zum eigenen Walnusshain

Erste Überlegungen

Wer mit einem eigenen Walnussbaum oder sogar einer kleinen Anlage liebäugelt, sollte sich zuvor einige Dinge gründlich durch den Kopf gehen lassen.

Zunächst einmal möchte ich hier ganz klar mit der Vorstellung ausräumen, ein Walnussbaum mache keine Arbeit. Ich kenne zu viele kleine, verwahrloste Baumbestände, deren Begründer sich das Ganze anfangs auch ganz leicht vorgestellt hatten und dann dem ständigen Unkrautdruck oder speziellen Pflegeansprüchen der Walnuss nicht Herr wurden:

Die Bäume müssen fachmännisch gepflanzt und angegossen werden. Die Freihaltung der Baumscheibe ist obligatorisch, das regelmäßige Wässern in den ersten Monaten von Region und Saison abhängig. Krankheitsvorbeugung, Baumerziehung und -versorgung dürfen über die Jahre nicht vernachlässigt werden, sonst ärgert man sich schlussendlich nur über die dürftigen Ernten. Insgesamt ist die Walnuss zwar pflegeleichter als ein Obstbaum – schon allein weil sie von viel weniger Schädlingen und Krankheiten befallen werden kann –, aber mit „in die Erde stellen und warten, bis einem die Nüsse in den Mund fallen" ist es eben auch nicht getan.

Ist man sich der Herausforderung bewusst, kann man die nächsten gedanklichen Schritte tun. Hierzu zählen im Grunde folgende:

- **Ist mein Standort für den Walnussanbau geeignet?** Wie in den vorigen Kapiteln beschrieben, eignet sich quasi jede Region Deutschlands für den Walnussanbau. Kleinräumlich betrachtet, lassen sich aber Informationen über die Bodenbeschaffenheit, Frostlagen, Windschneisen, den Grundwasserstand et cetera dazu nutzen, exponierte Lagen zu identifizieren und Ihre Walnüsse an die dafür prädestinierten Stellen zu setzen.

- **Welches Land steht mir zur Verfügung?** Von der Beantwortung dieser Frage hängen alle weiteren Schritte ab. Wie groß ist die Fläche? Welche Nutzung ist darauf vorgesehen? Stehen Teile davon vielleicht unter Naturschutz? In manchen Fällen entsprechen Ihre Vorstellungen von sinnvoller Landnutzung eventuell nicht der Ihrer Landwirtschafts- oder Naturschutzbehörde. Fragen Sie nach und lassen Sie sich alle Zusagen schriftlich und mit Stempel geben. Sicher ist sicher.

- **Nehme ich mir ein wirtschaftlich tragfähiges oder ein Hobbyprojekt vor?** Man sollte sich von Anfang an darüber im Klaren sein, ob man mit den Erträgen eines Tages einen Teil seines Unterhaltes finanzieren will, oder ob es reicht, wenn sich Sachkosten und Einkünfte in etwa die Waage halten.

- **Wie möchte ich meine Ernte vermarkten?** Es gibt Walnussbauern, die ihre komplette Ernte zu Öl verpressen lassen, andere setzen alles über Feinkostläden als „Schälnüsse" ab und sparen sich damit die Trocknung. Selbsternte, Verarbeitung oder Direktvermarktung sind die gängigsten Angebotsformen, ab gewissen Mengen ist aber auch ein Absatz über den Einzel- und Großhandel zu erwägen. Die Beantwortung dieser Frage ist ausschlaggebend für die Sortenwahl, die Anlagengestaltung und den Investitionsaufwand! Im Hobbybereich kommen natürlich auch einige „Spezialnüsse" ins Spiel, die zwar oft den Handelsanforderungen an eine klassische Tafelnuss nicht entsprechen und auch höhere Anbaurisiken mit sich bringen, unter Liebhabern aber durch ihre Größe, Form oder Farbe dennoch einen gewissen Anbauwert besitzen.

- **Welche Form von Walnussanbau möchte ich betreiben?** Auch hier gilt: Es geht nicht ohne vorherige Klarheit darüber, was man zu leisten imstande ist und wo die Grenzen liegen. Ein hübscher Walnusshain in Form von Hochstämmen und mit Streuobstcharakter erfordert sicherlich weniger Arbeit als eine Ertragsanlage, schon allein deswegen, weil man hier weniger Bäume pro Hektar pflanzen würde. In Plantagenform sind die Ertragsaussichten, besonders in den ersten Jahren, höher und die maschinelle Bearbeitung der Anlage lässt sich einfacher realisieren. Auch eine Zertifizierung als Biofläche sollte überdacht werden, was wiederum ein gutes Argument bei Behörden sein kann.

Standortsuche

Je nachdem, wie viel Auswahl Sie bei der Wahl Ihres Anbaustandortes haben, lassen sich einige Vorzüge von bestimmten kleinräumigen Strukturen gegenüber anderen Standorten ausmachen. Wie im Kapitel „Standortbedingungen" beschrieben, sind staunasse und sehr trockene Böden, Kältestauseen (Täler) und arg windexponierte Lagen zu meiden. Osthänge werden als zu kühl, Südhänge als zu warm beschrieben. Im Sand fehlt das Wasser, im Ton der Sauerstoff.

Die von mir besuchten Erwerbsanlagen liegen jedenfalls quer über Deutschland von Hamburg, Lübeck, Magdeburg, Dresden, Stuttgart bis nach Freiburg verstreut. Sogar auf Rügen wurde kürzlich mit dem Anbau von Walnüssen begonnen. Die Beschreibung der standörtlichen Voraussetzungen ist denkbar vielfältig: Der Boden reicht von sandig mit Lehmplatten und guter Grundwasseranbindung im Flachland über schwarzen Schwemmboden mit dicht anstehendem Wasser in der Börde bis hin zu Lösslehm und extrem schweren Böden in Baden-Württemberg. Während weiter nördlich windige Verhältnisse und das Auftreten von Spätfrösten (einmal in fünf Jahren) angegeben werden, werden weiter südlich die Extremwetterlagen in Form von Starkhagel und Stürmen beklagt, die regelmäßig aufträten.

Ich will damit sagen, dass für eine erfolgreiche Walnusskultur die Standortwahl zwar eine maßgebliche Rolle spielt; dass aber im Falle des Falles diese Kultur ein unglaublich großes Anpassungsvermögen aufweist.

Sortenwahl

Die Sortenwahl für den Walnussanbau sollte gründlich durchdacht sein. Die Veredlung von Walnussbäumen ist sehr aufwendig und das Pflanzmaterial dementsprechend teuer. Die Verfügbarkeit ist ein weiteres Problem: Nicht jede der gewählten Sorten ist unkompliziert zu beschaffen. Für einige muss man deutlich mehr Zeit als Geld investieren, da sie nur über gute Kontakte zu ausländischen Baumschulen zu erwerben sind.

Bei der Sortenwahl sollte das Augenmerk neben den unterschiedlichen Standortansprüchen und der geplanten Nutzungsform auch bewusst auf die befruchtungsbiologischen Unterschiede gelegt werden. Wie bereits dargelegt, befinden sich auf ein und demselben Baum sowohl männliche als auch weibliche Blütenstände, die nicht immer zeitgleich aktiv werden (Dichogamie). Die meisten Walnusssorten sind durch unterschiedliche Blütezeiten oft auf Fremdbefruchter angewiesen, wobei dieser Pollenspenderbaum bis zu 500 Meter entfernt stehen kann. Auf der anderen Seite haben neuere Untersuchungen aus Ungarn gezeigt, dass ein Überangebot an Pollen zum optimalen Belegungszeitpunkt der weiblichen Blüte zu einem Abort derselben führt. Je größer die zu erstellende Anlage, desto stärker ist also die richtige Sortenkombination hinsichtlich blütenbiologischer Gegebenheiten zu berücksichtigen.

Für Einzelbäume sind vorrangig Sorten zu wählen, die ohne Bestäubung – apomiktisch – Frucht ansetzen: Die Geisenheimer Sorten ´Nr. 26´, ´Nr. 139´ und ´Wunder von Monrepos´ zum Beispiel zeigen einen relativ hohen Apomixiegrad, was sie von der Abhängigkeit einer zweiten Sorte entbindet. In den USA werden übrigens aufgrund der Dichogamie einiger Walnusssorten diese über Flugzeuge künstlich bestäubt.

Beim Anbau für die Vermarktung über den Großhandel werden lateral tragende Sorten wie ´Lara´ oder ´Fernor´ empfohlen. Diese Sorten seien zwar krankheitsanfälliger als Terminalsorten, brächten aber weitaus bessere Erträge und Qualitäten.

Bei der Direktvermarktung setzt man wiederum auf eine vielfältigere Sortenmischung, darunter auch terminal tragende Sorten, um das Sortiment deutlich von den günstigeren Großhandelswalnüssen abheben zu können. Terminal tragende Sorten bedeuten auch weniger Schnittaufwand, da hier die Nüsse erst später ansetzen und so das vegetative Wachstum mit keinem frühen Fruchtertrag konkurriert.

Auf regenreichen Standorten sollten krankheitsrobuste Sorten zum Einsatz kommen, und in Gebieten, wo ein Befall der Walnussfruchtfliege zu befürchten ist, könnten seltener befallene Sorten wie ´Ferjean´, ´Parisienne´, ´Sheinovo´ und ´Rainuss Kläusler´ gewählt werden. Diese Empfehlungen wurden jedoch bislang nicht hinreichend erforscht und genannte Sorten haben auch keinerlei Erfahrungswerte im deutschen Anbau.

Weitere wichtige Entscheidungskriterien sind das Alter der Ertragsreife, der Erntezeitpunkt, die Frostgefährdung, die Wuchsform, die Ertragshöhe und die Nussqualität. Der Sortenwahl behilfliche Beschreibungen der Walnusssorten finden sich im Anhang ab Seite 117.

Tabelle 8: Übersicht der gefragtesten Eigenschaften und Beispiele an entsprechenden Sorten

Eigenschaft	Sorte
Schnelle Ertragsreife	'Fernor', 'Jupiter', 'Milotai 10', 'Proslavski', 'Wunder von Monrepos', 'Weinheimer 139'
Hohe Erträge	'A 117', 'Jupiter', 'Lara', 'Milotai 10', 'Moselaner Nr. 120', 'Ockerwitzer Lange', 'Scharsch'
Geringe Krankheitsanfälligkeit	'A 117', 'Champion', 'Geisenheimer Nr. 26', 'Kurmarker Nr. 1247', 'Mars', 'Proslavski', 'Scharsch'
Geringe Spätfrostgefährdung	'Fernor', 'Franquette', 'Geisenheimer Nr. 26', 'Mars', 'Meylanaise', 'Moselaner Nr. 120', 'Ronde de Montinac', 'Scharsch'
Hohe Winterfrosthärte	'Champion', 'Jupiter', 'Mars', 'Ockerwitzer Lange'
Geringe Bodenansprüche	'A 117', 'Champion', 'Geisenheimer 26', 'Weinberg 2'
Große, hochwertige Nüsse	'Apollo', 'Champion', 'Easterhazy II', 'Moselaner Nr. 120', 'Ockerwitzer Lange', 'Proslavski'
Gute Verarbeitungseigenschaften	'Ronde de Montinac', 'Giswil'

Auch die Wahl der Unterlage sollte bedacht werden – besonders bezüglich der Bodenverhältnisse am Standort und der Anfälligkeit für Viruserkrankungen:

- *J. regia* ist für leichtere, trockenere Standorte geeignet. Sie hat einen starken Wuchs und ergibt größere Bäume mit mehr Ertrag pro Baum. Im Vergleich zu *J. nigra* sind diese Veredlungen weitaus langlebiger und lassen sich aufgrund der besseren Wurzelbildung leichter verpflanzen.
- *J. nigra*-Unterlagen werden als frosthärter eingestuft, bleiben kleiner und kommen auf schweren, feuchten Böden besser zurecht. Ihre Lebenserwartung beträgt jedoch nur rund 30, maximal 50 Jahre, wobei im Alter die Unverträglichkeit der beiden Veredlungspartner steigt.

Von meinen Betriebsbesuchen weiß ich, dass auch in der Praxis sehr unterschiedliche Kriterien für die Sortenwahl als Maßstab genommen werden: Auf der einen Seite wird auf Vielfalt, Frosthärte und geringe Bodenansprüche geachtet, auf der anderen Seite steht die Nussqualität mit großen, sauber aus der Schale fallenden Nüssen mit gut lösbarem Kern im Mittelpunkt. Die ältesten Exemplare in den Anlagen sind meist Sämlingsbäume, deren Herkunft nicht mehr zurückzuverfolgen ist. Die Sortenzusammenstellung war aber jeweils sehr vielfältig, wobei immer zwei, drei Hauptsorten genannt und einige Test- oder Liebhabersorten ergänzt wurden. Auch individuelle Veredlungen aus Wildsämlingen oder von besonderen Einzelbäumen in der Region werden in Auftrag gegeben.

Als Unterlage wird *J. regia* eindeutig bevorzugt, einige wenige auf *J. nigra* veredelte Bäume sind aber jeweils unter den Anpflanzungen. Hier sei in jedem Fall auf die Deklaration von virusfreien Unterlagen zu achten.

Praktiker-Tipp:
Es wird empfohlen, nicht mehr als zwei bis drei Prozent Befruchtersorten in den Bestand mit aufzunehmen.

Baumkauf

Oft hängt die Sortenwahl leider allzu sehr von der Verfügbarkeit der entsprechenden Bäume ab. Die wenigen deutschen Baumschulen, die Walnüsse veredeln können, haben oft ein übersichtliches und über Jahrzehnte hinweg gleichbleibendes Sortiment. Die meisten dieser Sorten sind einwandfrei – verstehen Sie mich nicht falsch –, aber um den mannigfaltigen kleinklimatischen Ansprüchen sowie dem Forschungsdrang einiger angehender Walnussbauern gerecht zu werden, lohnt ein Blick über den Tellerrand.

Vor allem für Nordostdeutschland scheinen die Baumschulen in Tschechien oder Ungarn interessant, da die dort gezüchteten Sorten hohe Erträge und geringe Frostschäden versprechen. Im Badener Raum werden wiederum die Grenobler Züchtungen und in Westdeutschland die niederländischen Selektionen spannend. Glücklicherweise gibt es einige Sammler und Netzwerker, die Sorten aus allen Nationen beziehen und Ihnen eine ungebundene Sortenempfehlung aussprechen können (siehe „Adressen und Ansprechpartner“ ab Seite 154).

Aber auch hier sollte man sich immer bewusst machen, dass die Erfahrungen mit einer Sorte in der einen Region nicht zwangsläufig 1 : 1 auf eine andere Region übertragbar sind. Die Suche aus vermeintlichem Zeitdruck vorzeitig aufzugeben und dann lieber die „zweite Wahl“ zu pflanzen, halte ich jedenfalls für schlicht falsch.

Qualität

Bei der Auswahl des Pflanzmaterials kann man zu ein- bis zweijährigen Veredlungen greifen, die aus der Indoor- oder Freilandokulation stammen. Die Pflanzware wird meist wurzelnackt und in Größen von einem bis zwei Metern angeboten. Man darf nicht vergessen, dass die Unterlage zum Zeitpunkt der Veredlung meist schon zwei- bis dreijährig war, beim Verkauf also vierjährig ist und der Baum mit zunehmendem Alter immer langsamer anwächst und in Ertrag geht. Zu junge/kleine Veredlungen wiederum sind oft noch sehr frost- und verbissempfindlich und sollten daher erst ab einer Höhe von circa 80 Zentimetern ins Freiland gesetzt werden, um Ausfälle zu vermeiden.

Generell vertragen die Walnussbäumchen – vor allem Sämlingsbäume – das Verpflanzen nicht immer gut, sodass auf einen großen Wurzelballen Wert gelegt und die Pfahlwurzel bei der Pflanzung möglichst schonend behandelt werden sollte. Deutsche Baumschulen bieten oft die sicherste Wertgarantie, sind aber im Vergleich zu ausländischen Baumschulen relativ teuer.

Veredler

In der Praxis wurden hauptsächlich deutsche, aber auch ungarische, tschechische, niederländische und französische Baumschulen in Anspruch genommen. Der Abverkauf erfolgt vornehmlich Ende Oktober bis Ende November, nachdem die Bäumchen ihr Laub haben fallen lassen. Containerpflanzen (eingetopft) finden Mitte August bis Anfang September einen neuen Besitzer.

Abb. 18: Einjährige Veredlungen auf Mulchfolie

Diese saisonale Verteilung liegt vor allem an der bevorzugten Herbstpflanzzeit. Die ebenso gute Möglichkeit, die Bäume im Frühjahr zu setzen, würde zu einem gleichmäßigeren Absatz bei den Baumschulen führen, hat sich aber bislang nicht etabliert.

Zwischen 3.000 und 20.000 veredelte Walnussbäume werden in Deutschland pro Jahr und Veredler in Umlauf gebracht; hinzu kommen 70.000 bis 80.000 einjährige Sämlingsbäume. Der Markt scheint unter den Anbietern gut aufgeteilt zu sein: Es gibt Spezialisten für Privatkunden, für den Baumschulvertrieb und für den Obst- und Waldbau.

Preise

Für die reine Veredlungsarbeit – ohne dass der Schritt des Anwachsens erfolgt ist – werden in Deutschland 15–18 € pro Pflanze genommen. Erfolgreiche Veredelungen kosten durch das erhöhte Risiko auf Seiten des Veredlers aber durchschnittlich 25–35 €. Es kommt auch ganz auf den Kunden an: Während Privatleute für veredelte Walnussbäumchen von 1–1,50 Meter Höhe ab 43 Euro aufwärts bezahlen, werden bei mengenmäßigem Einkauf für den Erwerbsanbau geringere Preise aufgerufen.

Im Ausland gibt es noch ganz andere Preiskaliber: In der Schweiz wird man als Privatmensch für umgerechnet 97 Euro pro Stück Walnussbaumbesitzer, als Plantagenbetreiber für 49 Euro. In Österreich werden 30–35 Euro pro Pflanze genommen, in Frankreich 15–18 Euro und in Ungarn und Tschechien noch weniger. Diese Zahlen stammen alle aus dem Jahr meiner Erhebungen (2013) und sind als dynamische Werte zu betrachten.

Für den Forstbereich werden 50–80 Zentimeter hohe *J. regia*- oder *J. nigra*-Sämlinge (ab 500 Stück) für 1,90–2,40 Euro abgesetzt. Französische Hybriden wiederum gibt es in den Größenabstufungen 40–60 Zentimeter, 60–80 Zentimeter und 80–120 Zentimeter und kosten 4,20–6,40 Euro das Stück.

Anlageplanung

Mehrere Arten von Pflanzverbänden sind möglich. Sie sind abhängig vom Sortentyp der Pflanze, von der Form der Fläche, von der An- oder Abwesenheit einer Zwischenkultur oder eines Begleitgehölzes, dem Ziel der Pflanzung und auch von den verfügbaren Mitteln des Grundeigentümers.

Bei der Anlagegestaltung für die Nussgewinnung wird das Pflanzraster vor allem nach der Sorte und der Wuchsstärke der verwendeten Unterlage ausgewählt. Die Baumreihen einer Anlage sollten in Nord-Süd-Richtung verlaufen, damit eine etwa gleichmäßige Besonnung möglich wird. Rechtwinkelige Anordnungen sind besser geeignet für Kulturen mit Zwischennutzung oder einem Begleitgehölz. Dies gilt auch für Pflanzungen innerhalb des Waldes. Hier ist nach einigen Jahren die Nachbesserung von defekten Pflanzen zu überlegen.

Pflanzsysteme für eine angestrebte Doppelnutzung Frucht/Holz erfordern spezielle Pflanzraster und Baumerziehungsmaßnahmen und stellen immer einen Kompromiss für die einzelne Nutzungsform dar.

Pflanzabstände

In geschlossenen Anlagen werden Pflanzabstände von 12 mal 12 Metern bis 15 mal 15 Metern empfohlen, da bei engerem Stand die Bäume nach etwa 15 bis 20 Jahren „hochgetrieben" werden. KÖRBER empfiehlt noch Abstände bei *J. nigra* von 7 mal 8 Metern oder 8 mal 9 Metern (= 160 bis 180 Bäume pro Hektar) und bei *J. regia* von 10 x 10 m, besser 10 x 12 m (90 bis 100 Bäume pro Hektar). Trotz der verschiedenen Baumzahlen pro Hektar seien die Hektarerträge bei beiden Unterlagen – aufgrund der unterschiedlichen Ertragsmenge pro Baum – ähnlich.

Auch in der Praxis wurde in den letzten Jahrzehnten auf Abstände zwischen 7 mal 8 Metern und 10 mal 12 Metern gepflanzt. Diese Abstände sind aber nach heutigen Erkenntnissen oft noch zu klein. In plantagenförmigen Anlagen wie in Frankreich und Ungarn wird aktuell auf bis zu 15 mal 15 Meter Abstände gepflanzt und auch in der Schweiz werden vor allem die terminal tragenden Walnusssorten auf 12 mal 16 Meter gesetzt. Grund ist die freiere Kronenentwicklung: Stehen die Bäume zu dicht, bilden sich enge, nach oben strebende Kronen, die schlecht durchlüftet und damit für Blattkrankheiten anfälliger sind. Außerdem werden die inneren Kronenzonen nicht ausreichend mit Licht versorgt, sodass sich nur an den äußeren Rändern Fruchtansätze bilden. Der Schnittaufwand ist in solchen Beständen um ein Vielfaches höher als bei frei stehenden Bäumen und bei einer beabsichtigten Holzvermarktung kann hier keine zufriedenstellende Stammentwicklung erzielt werden.

Man hatte vor allem in den 1970er-/1980er-Jahren enger gepflanzt, weil eine buschähnliche Wuchsform Vorteile bei der mechanisierten Pflege und Ernte bietet, sich Pflanzenschutzmittel besser verteilen lassen und man zeitlich früher ein höheres Ertragsvolumen generieren kann. Dieses Argument versuchen einige Junganlagenbetreiber auch heute noch auszunutzen: Sie pflanzen ihre Bäume auf 7 mal 10 Metern, um dann nach circa 15 Jahren, wenn die Kronen beginnen, sich zu berühren, jeden zweiten Baum aus der Reihe zu nehmen. Mit einem Abstand von 14 mal 10 Metern gehen die verbleibenden Bäume dann uneingeschränkt in ihre Vollertragsphase über, haben aber zuvor schon mit ihren nun gerodeten Geschwistern ein ansehnliches Ertragssümmchen erwirtschaftet.

Früher mehr Ertrag. Das ist zwar aus betriebswirtschaftlicher Sicht ein ausgesprochen gutes Argument, man darf aber nicht die entstehenden Risiken vergessen: Zum einen wird ein Baum, den man mühevoll erworben, gepflanzt und gepflegt hat, noch vor seiner lebenszeitlichen Hochsaison wieder entfernt. Weder Holz noch die Fruchtsumme des Einzelbaumes haben sich bis dato eine Wertigkeit zukommen lassen. Zum anderen können sich auf den verbleibenden Holzstümpfen in der Anlage leicht Pilzkrankheiten wie etwa der gefürchtete Hallimasch entwickeln, der dann auch auf die gesunden Bäume übergehen könnte. Aber manchmal geht es nicht anders: Bei einem mir bekannten Betrieb wurde 1990 aus Mangel an Erfahrung der Pflanzabstand zunächst nach der Arbeitsbreite der Fräse gewählt (5,35 Meter), die Bäume mussten nach wenigen Jahren entsprechend ausgedünnt werden.

Abb. 19: Ausdünnen einer etwa 15-jährigen Anlage. Aus: Böhner 2008, S. 89

Praktiker-Tipp:
Es ist sinnvoll, die Flächen in sehr früh- und sehr spät tragende Sorten zur optimalen Ausnutzung der Trocknungstechnik und für flachere Arbeitsspitzen aufzuteilen.

Zwischenpflanzungen

Dass der ein oder andere bei solch weiten Pflanzabständen auf die Idee kommt, in den ersten Jahren die Fläche zwischen den Walnussbäumen anderweitig zu nutzen, ist kein Wunder. Ob für einen Getreide- oder Feldgemüsestreifen, kleinere (und schnelllebigere) Obstkulturen oder schlichtweg zur Heuproduktion bewirtschaftetes Grünland – fast alles ist möglich.

Eine Einschränkung ergibt sich allerdings je nach Flächendeklaration: Möchte man einen extensiven Walnusshain auf Grünland anlegen, werden die meisten Naturschutzbehörden diesem Vorhaben nach Offenlegung der genauen Anbauplanung vermutlich zustimmen. Eine zusätzliche Nutzung der Zwischenreihen (außer Mahd/Beweidung) wird in diesem Fall aber aufgrund des Grünlandumbruchverbotes untersagt werden.

Auch die Juglonwirkung von Walnussbäumen (vgl. Seite 14) sollte bei Zwischenpflanzungen nicht unberücksichtigt bleiben.

Experten-Kommentar: Rudolf M. Vögel, Landesamt für Umwelt

Die Walnuss in Deutschland: Rückkehrer oder Neuankömmling?

Bereits seit der Jungsteinzeit befindet sich die Walnuss (*Juglans regia*) auf dem Rückweg in ihr ursprüngliches Verbreitungsgebiet, von dem sie nach dem Tertiär, wie viele andere Pflanzenarten, durch die Klimaänderungen der über Europa hinwegziehenden Eiszeiten vertrieben wurde.

Forstlich als sogenannte „konkurrenzschwache Lichtbaumart" geltend, in ihrer Ausbreitung daher eher passiv, ist sie auf Ansiedlung, Mitnahme durch den Menschen angewiesen. So findet sie sich heute von den Rückzugsarealen des östlichen Mittelmeerraums und Vorderasiens ausgehend, vor allem durch die Römer in weiten Teilen Süd-, West- und Mitteleuropas wieder eingebürgert. Kultiviert in und an Siedlungen, in eher wintermilden Gegenden auf nährstoffreichen Böden. Selten verwildert in Auwäldern der mitteleuropäischen Flusstäler. Im Allgemeinen nicht über 800–1200 Meter Höhe in den Alpen verbreitet, deutet sich durch die Klimaänderung bereits Anpassungsstress in den Regionen der albanischen Alpen durch Wärme und Trockenheit in den bisherigen niedrigeren Wuchsgebieten an.

Andere als Fruchtnutzung sind zwar bekannt, aber mangels Angebot wenig entwickelt. Die Nachfrage als begehrtes Edelholz verlangt eine Einbringung als forstliche Nutzbaumart und benötigt einen Jahrzehnte andauernden Vorlauf.

Die Baumart würde sich dabei gerade für wieder neu diskutierte Nutzungskonzepte wie Agroforstsysteme anbieten, geschickt kombiniert mit anderen Begleitarten und Frucht- wie Holznutzung, könnte sie eine wertvolle Ergänzung und Alternative für unsere weitgehend ausgeräumten Agrarlandschaften gerade in Hinblick auf die notwendige Klimaanpassung leisten. Bisher kaum beobachtete Anfälligkeiten für Schädlinge und Krankheiten lassen die Art als robust und widerstandsfähig erscheinen. Eine beobachtete Keim- und Wachstumshemmung auf andere Pflanzen im direkten Umfeld, mit der sich die Art unliebsame Konkurrenz vom Leibe hält, ist auf Juglonausscheidungen, ein Glucosid, zurückzuführen. Diese Produktion eines artspezifisch herbizidwirksamen Hemmstoffs wird als Musterbeispiel für Allelopathie benutzt und ist bei der Walnuss erstmalig erkannt worden.

Weniger als die Standorteignung und das natürliche Anpassungspotenzial stellen heute Kenntnislage und weitverbreitete Vorurteile gegenüber dieser Nutzbaumart in Behörden und Fachverwaltungen den Hemmfaktor für einen angemessenen, zukunftsorientierten Umgang dar. Es ist zu wünschen, dass die Entwicklung notwendiger Agrarnutzungskonzepte und Siedlungsplanungen der Walnuss neue Chancen und weitere Verbreitung ermöglicht und damit einen auch kulturbedingten Anpassungsprozess stimuliert.

Pflanzung

Zeitpunkt

Zunächst sollte sich gründlich über die Verfügbarkeit der ausgewählten Sorten und den zeitlichen Vorlauf bei Walnussveredlern beziehungsweise Baumschulen informiert werden. Die Pflanzung kann im Herbst bis circa Mitte November in den noch warmen Boden erfolgen, aber auch spätere Pflanztermine sind von Jahr zu Jahr witterungsabhängig möglich. Bei der Herbstpflanzung können die Bäume schon im Winter feinste Wurzeln bilden, die ihnen die Wasserversorgung im Frühjahr erleichtern. In klimatisch ungünstigen Lagen wird der Frühjahrspflanzung der Vorzug gegeben, um die Jungpflanzen nicht direkt den strengen Wintertemperaturen und kaltnassen Böden auszusetzen – in diesem Fall ist allerdings ein ausreichendes Wässern der jungen Pflanzen in der Austriebsphase notwendig.

Da die Baumschulen die Bäume aber grundsätzlich im Oktober/November (oder später) erst nach dem Blattfall liefern, muss bei geplanter Frühjahrspflanzung eine Überwinterungsmöglichkeit geboten werden. Hierzu schlägt man die meist wurzelnackten Bäume an einem möglichst windgeschützten Ort in Erde ein und achtet in trockenen Frostzeiten darauf, die Erde um die Wurzeln feucht zu halten. Sollten Sie eine Überwinterung in einem großen Topf erwägen, denken Sie daran, dass dieser Löcher im Boden haben muss, um Staunässe zu vermeiden. Prinzipiell gilt: Je eher die Pflanzen an ihrem finalen Bestimmungsort stehen, desto besser sind ihre Anwuchschancen.

Pflanzprozedur

Um der horizontalen Wurzelausbreitung Raum zu geben, sollte der Boden vor der Pflanzung ganzflächig 30–40 Zentimeter tief gepflügt werden. Das Pflanzloch wird mindestens 60 Zentimeter tief und 80 Zentimeter breit ausgehoben. Um den Anwuchserfolg zu gewährleisten, wird es später mit möglichst guter Pflanzerde, die mit viel Wasser zwischen die Wurzeln geschwemmt wird, wieder aufgefüllt.

Die Bäume sollten nach Möglichkeit nicht tiefer gepflanzt werden, als sie in der Baumschule standen. Mit der Anlage von eckigen Pflanzlöchern lässt sich – besonders in bindigen Böden – Ringwurzelbildung vermeiden, die zu Kümmerwuchs führen könnte. Die Zugabe von frischer Komposterde, die mit dem Aushub vermischt wurde, wird empfohlen; auf armen Standorten ist von einer Volldüngergabe von einem Kilo pro Baum die Rede. MAURER meint, je Hektar wären 2.000 Kilo Superphosphat und 300–500 Kilo schwefelsaures Kali zur Pflanzung notwendig.

Teilweise werden unverzweigte Bäume beim Pflanzen in der gewünschten Kronenhöhe angeschnitten, aber zumeist ist kein Pflanzschnitt nötig. Nur beschädigte Triebe, störende Gabeln et cetera sollten entfernt, das Seitenholz aber unbedingt belassen werden, da es als Fruchtholz frühen Ertrag bringt. Auch beim Wurzelschnitt sollte – wenn überhaupt nötig – möglichst viel Masse erhalten bleiben und nicht zu stark eingekürzt werden. Die Wurzeln sind extrem wichtig für den schnellen Anwachs- und Ertragserfolg, da sie alle nötigen Reservestoffe speichern und daher nur im Notfall, wenn sie beschädigt sind, glatt abgeschnitten werden dürfen.

Da veredelte Walnussbäume die ersten fünf bis acht Jahre lang nicht standfest sind, ist ein Pfahl zur Stabilisierung unabdingbar und sollte vor der eigentlichen Pflanzung etwa 60 Zentimeter tief eingegraben werden und mindestens einen Meter über den Boden herausragen. Mit einem Kokosstrick oder Ähnlichem befestigt, stellt man ihn auf die Südseite des Baumes, damit er den Heister zusätzlich beschatten kann. Ein Weißanstrich der Stämmchen ist eine weitere mögliche Prophylaxe gegen Frostrisse, die vornehmlich an der sonnenbeschienenen Südseite der Heister auftreten.

Ein Anlagenschutz wird je nach Standort als sinnvoll erachtet. Hasen und Kaninchen gehen Walnussbäume nur gelegentlich an, anderes Wild scheut die gerbstoffhaltigen Pflanzenteile der Walnuss und unterlässt daher den Verbiss. In Rotwildgegenden sind die Bäume aber mit mindestens 180 Zentimeter hohen Zäunen und/oder Wildschutzmanschetten vor Fegeschäden zu schützen (vgl. Seite 93).

In der Praxis wird sowohl im Herbst als auch im April gepflanzt, bevorzugt wird aber der Herbst wegen des geringeren Bewässerungsaufwands. Der Acker wird gewöhnlich mit Pflug und Fräse vorbereitet und dann teils per Hand, teils mittels Pflanzbohrer ein 40–80 Zentimeter tiefes und 60 Zentimeter breites Loch ausgehoben. Etwas Langzeitdünger, Harnstoffpräparate und/oder Hornspäne, Kompost und Pferdemist kommen bei der Pflanzung zum Einsatz, auf manchen Betrieben wird aber auch keinerlei Zusatz zum möglichst humusreichen Pflanzboden gegeben. Teilweise erfolgt eine Beimengung von Gartenkalk und Bioalgenextrakt direkt ins Pflanzloch. Im ersten Jahr muss unbedingt auf eine ausreichende Bewässerung geachtet werden. Eine Einzäunung von 1,60 Metern wird zumindest für die ersten Jahre als unabdingbar beschrieben.

Nach Einschätzungen eines Betriebsleiters schaffen zwei Arbeitskräfte circa 40 bis 50 Pflanzungen pro Tag exklusive Bodenvorbereitung. Mit Hilfsmitteln wie einem Bagger oder Pflanzbohrer werden sogar 80 Bäume pro Tag angegeben.

Praktiker-Tipp:
Als Stützpfahl sollte möglichst Eichen- oder Robinienholz dienen, da dieses die gesamte Dauer des Gebrauchs übersteht.

Abb. 19 a + b: Vorbildliche Pflanzungen im Thurgau (links) und bei Freiburg (rechts)

Pflegemaßnahmen

Wasser- und Nährstoffversorgung

Der Wasserversorgung kommt in den ersten Jahren eine große Bedeutung zu. Eine fortwährende Mulchschicht auf der Baumscheibe wird hierbei als vorteilhaft beschrieben, darüber hinaus gibt es kaum Angaben zur Bewässerung in der deutschen Literatur.

In Frankreich und den deutschen Versuchsanlagen kommen je nach Boden- und Anlagetyp verschiedene Sprenkler- oder Tröpfcheninstallationen zum Einsatz und auch in der Schweiz sind alle Regionen mit wenig Niederschlag zwischen Mai und August auf eine Bewässerung der Nussanlage zwecks Qualitäts- und Wachstumssicherung angewiesen. Besonders bei lateral tragenden und hochproduktiven Sorten wird hier die Notwendigkeit einer Bewässerung betont.

Als Grunddüngung werden Mengen von 1–1,5 Dezitonnen pro 100 Quadratmeter organischen Materials alle zwei bis drei Jahre angegeben, für konventionelle Verhältnisse werden 25–30 Kilo Phosphorsäure, 50–70 Kilo Stickstoff und 75–100 Kilo Kali pro Jahr und ha empfohlen. Eine Verabreichung in der ersten Jahreshälfte wird veranschlagt, da eine N-Düngung im Spätsommer das vegetative Wachstum der Bäume anregt und somit die Gefahr von Frostschäden erhöht. Kaliumgaben hingegen fördern die Holzausreife.

Die Notwendigkeit von Kalkgaben, wie bei STRITZKE aus den Pillnitzer Erfahrungen beschrieben (etwa alle drei Jahre 10–20 Kilo pro 100 Quadratmeter Kalziumkarbonat), konnten laut MAURER in Geisenheim nicht bestätigt werden. Wie in jeder landwirtschaftlichen Praxis sollten das regelmäßige Einbringen von organischer Substanz zur Förderung der Humusbildung sowie regelmäßige Bodenproben im Frühjahr zur Vermeidung von Überdüngung zum regulären Ablauf gehören.

In der Praxis wird die Nährstoffversorgung teils über organische Materialien, wie die Holzasche vom Baumschnitt und/oder Viehmist, teils durch Direktdüngung von 40–60 Kilo Stickstoff pro Hektar und Magnesiumgaben nach der Ernte zur besseren Fruchtausbildung realisiert.

Bodenpflege und Zwischenraumnutzung

Die verpflanzten Bäume vertragen in den ersten Jahren keine Wurzelkonkurrenz, weshalb zumindest die Baumscheibe, besser ein weiteres Umfeld, vorerst offen gehalten werden sollte. Als Frost- und Verdunstungsschutz kann die Baumscheibe auch mit feuchtem Streu, Dung, Kompost, Heu oder Stroh im Durchmesser von einem Meter etwa 10–15 Zentimeter hoch bedeckt werden. Man kann auch einen ganzen Streifen entlang der Baumreihen mit der Handhacke oder mit Herbiziden vegetationslos halten, damit die Baumstämme bei den Pflegearbeiten in der Gasse nicht beschädigt werden.

Die Gassenpflege sollte zwei- bis dreimal im Jahr durch seichtes Grubbern oder Hacken realisiert werden, um die Wurzelausbreitung im Jugendstadium zu fördern und die Wasserkonkurrenz zu minimieren. Eine Grüneinsaat in der Fahrgasse ist daraufhin nur empfehlenswert, wenn die Möglichkeit einer Bewässerung besteht. Ansonsten ist ein offener Boden und eine nur flache Bodenbearbeitung in den ersten drei bis vier Jahren zu bevorzugen.

Danach steht die Walnuss gut im Rasen, wie auch aus Geisenheim berichtet wird. Erst ab dem zweiten oder dritten Standjahr ist bei Walnussbäumen mit kräftigem Wachstum zu rechnen, weshalb unter anderem von KÖRBER eine kurzlebige Zwischenkultur vorgeschlagen wird. Diese soll den übrigen, in den ersten zehn Jahren noch nicht genutzten Standraum zwischen den jungen Bäumen ausfüllen. Hierbei wird aber von Getreide abgeraten, da dieses zu viel Wasser ziehe, mit Obst- und Beerenkulturen wurde aber schon erfolgreich experimentiert: Ein Obstbauer hatte in der Vorertragsphase zum Beispiel erfolgreich Himbeeren als Unterpflanzung angebaut, ein weiterer konnte zufriedenstellende Ergebnisse mit Rhabarber erzielen. In jüngeren Anlagen wird mit dem Zwischenreihenanbau von Hirse auf zehn Metern Breite experimentiert und auch Versuche mit der Roterle als Stickstoff sammelnde Unterkultur werden erwogen. Im Thurgau werden jährlich Grasmischungen und Blumen zur Bodenbefestigung in die Fahrgassen gesät. Die Beweidung von Nussbaumflächen mit Galloways wurde vom Forstamt Bopfingen erfolgreich getestet und wird von diesem empfohlen.

Das Laub sollte im Herbst zur Vermeidung von Infektionen mit Blattkrankheiten aus der Anlage entfernt und kompostiert werden, bereits nach einem Jahr ist das Blattwerk gut verrottet und hat eine leicht herbizide Wirkung. Allerdings wird die Laubentfernung in der Praxis nur selten realisiert. Gründe sind der Zeitaufwand und eine beschwerliche technische Umsetzung.

In folgender Darstellung werden mögliche Verfahren und Maschinen bei der Plantagenpflege von Haselnussanlagen aufgezeigt. Da die Pflege und Nutzung einer Walnussplantage sehr ähnlich betrieben wird, sind diese Techniken analog im Walnussanbau anwendbar.

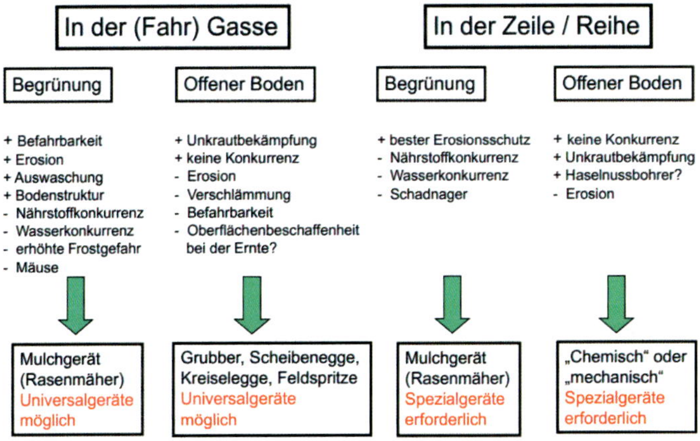

Abb. 20: Plantagepflege-Grundsätze (Beispiel aus dem Haselnussanbau)

In der Regel wird im Praxisbereich ein- bis dreimal gemäht, der Grünschnitt bleibt in allen Betrieben auf den Flächen liegen, auch weil eine Entfernung zu aufwendig beziehungsweise technisch nicht umsetzbar ist. Gleiches gilt für das Laub, das auf den Flächen verrottet und zur schnelleren Zersetzung mit vermulcht wird.

Praktiker-Tipp:
Beim Befahren zwecks Pflegemaßnahmen und Bodenbearbeitung sind Verletzungen an den Bäumen unbedingt zu vermeiden, da Hallimasch oft bei Acker-Erstaufforstungen auftritt und vorzugsweise verletzte Stellen befällt („Schwächeparasit").

Schnitt

Verschiedenste Einschätzungen und Erfahrungen kreuzen sich auf diesem Gebiet. Entgegen der landläufigen Meinung, die Walnuss bräuchte so gut wie keinen Schnitt, wurde und wird unter Fachleuten die optimale Schnitttechnik noch ausgiebig diskutiert.

Generell sollten nur bei geplanter Holznutzung Hochstämme erzogen werden, da jeder Zentimeter Stamm einen verspäteten Ertragseintritt bedeutet. Halbstämme seien ideal, da der Boden darunter noch bearbeitet werden könne und der Schnitt sich einfacher gestalte. Außerdem sei das Risiko von Bodenfrostschäden geringer als bei Büschen und Niederstämmen.

KÖRBER erachtet die Erziehung zum Hochstamm für den Plantagenanbau als nachteilig, da hier eine Kultur als Stammbusch mit gut beschattetem Stamm besser geeignet sei.

Ein Erziehungsschnitt muss aber ebenso wie regelmäßiges Auslichten und Verjüngen der Krone (zum Beispiel nach Windbruch) unbedingt erfolgen. Schon im zweiten Jahr nach Pflanzung erfolgt der erste Rückschnitt der Seitentriebe unterhalb von 80–100 Zentimetern.

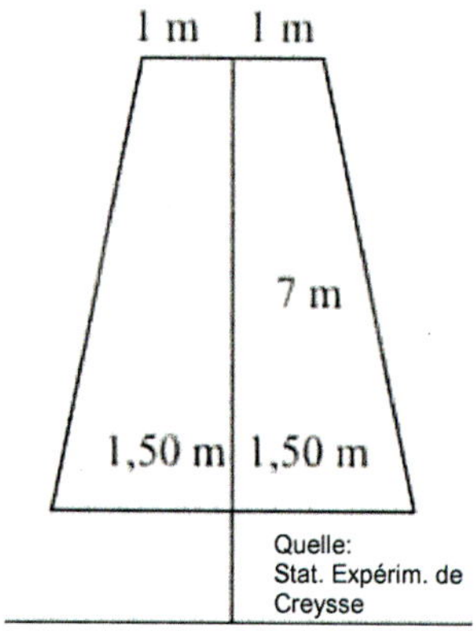

Abb. 21: Becherschnitt

Vorgeschlagen wird hierbei eine Pyramidenhohlkrone mit maximal drei Gerüstästen als Kronenform. Dazu solle eine Stammverlängerung in maximal vier Metern Höhe über einem abgesenkten Seitentrieb abgeleitet werden, der gegebenenfalls von vornherein erzogen wird.

Zwei weitere Erziehungsformen, die je nach Sorte gewählt werden, sind der klassische und der terminale Becherschnitt. Beim klassischen Becherschnitt hat der Stamm in drei bis sechs Metern Höhe ebenfalls drei Gerüst bildende Äste im Abstand von circa 50 Zentimetern und 120 Grad. Jeder Ast trägt wiederum vier bis fünf Etagen von Ästen zweiter Ordnung im Abstand von circa einem Meter.

Bei der Terminale mit Becherschnitt wird ein Becher mit drei Gerüst bildenden Ästen im Abstand von rund 20 Zentimetern geformt. Ein vorerst erhaltener Leitast wird zwischen dem siebten und neunten Jahr schrittweise entfernt.

Abb. 22: Mechanisierter Schnitt

Vom achten bis zehnten Standjahr sollte ein regelmäßiger Vollschnitt erfolgen, der zwar scharf sein kann, aber der entsprechenden Wundpflege und Vermeidung von Stammschäden nicht entbehren darf, da die Bäume nur langsam heilen und die Leistung stark vermindert werden kann.

Generell wird immer auf Astring geschnitten und nie stammeben oder mit Astüberbleibseln, da sonst das Fäulnisrisiko steigt.

Der Schnittzeitpunkt ist zwischen Ende Juni und Mitte Juli zu legen, da Wunden dann schnell abtrocknen und die Schnittstellen bis zum Frosteintritt überwallen können. Auf keinen Fall solle der Baum vor dem 24. Juni beschnitten werden, weil er dann aus schlafenden Augen erneut austreibe. Im Winter wiederum blutet die Walnuss sehr stark.

Anderen Auffassungen zufolge verträgt die Walnuss nicht nur in den Sommermonaten, sondern auch nach der Ernte noch mit Belaubung oder gelegentlich sogar im Winter einen relativ scharfen Schnitt. Auch zu einem Frühjahrsschnitt im März/April wird geraten, weil dann die Wunden besser verheilen würden als beim Sommerschnitt. Ob Sommer oder Winter, der Ausbildung grober Äste muss durch rechtzeitige, eventuell vorauseilende Astung entgegengewirkt werden, da die Schnittstellen vier Zentimeter Durchmesser nicht überschreiten sollten.

Bei unbeschnittenen Naturkronen sieht man die Folgen eines zu dichten Wuchses: Etwa 70 Prozent der Krone sind ohne Ertrag, da mangels Licht und Durchlüftung keine Blüten mehr ausgebildet werden. Von Prof. Dr. HELMUT JACOB wurde in Geisenheim an der Verschiebung der Ertragszone durch unregelmäßige Schnittmaßnahmen geforscht. Bäume mit verdichteten Naturkronen bilden Blüten überwiegend an den Außenflächen (Z1 und Z2) und weniger an den beschatteten Innenzonen (Z3 und Z4), zudem werden die kläglichen Blütenansätze im Innern der Krone im sogenannten Junifruchtfall abgestoßen.

Eine Krone, die durch regelmäßigen Schnitt aufgelockert ist und bei der in der Mitte des Baumes noch mindestens 50 Prozent des Lichtverhältnisses im Vergleich zur Außenzone bestehen, ist der Ertrag mehrfach höher und der Junifruchtfall minimal. Als Gegenmaßnahme zum Verkahlen des Kroneninneren wird ab dem fünften Standjahr die Entfernung der Stammverlängerung und die Erziehung einer Hohlkrone empfohlen.

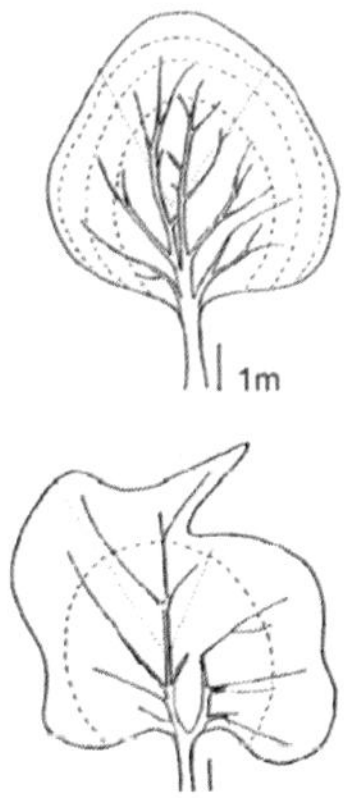

Abb. 23: Einfluss Kronen gestaltender Maßnahmen auf den Ertrag bei Walnussbäumen

Tabelle 9: Der Einfluss Kronen gestaltender Maßnahmen auf den Ertrag. Verändert nach JACOB 2008, S. 48

Kronenzone	Lichtintensität in Lux	Blüten/m_3	Junifruchtfall in %	Ertrag in g (Trockennüsse/m_3)
Z1	30.000	34	12	300
Z2	20.000	28	14	240
Z3	8.000	16	73	43
Z4	1.500	4	95	0
Licht an einem Sommer-Sonnentag, Sorte: ´Nr. 139´, Junifruchtfall ca. 3–4 Wochen nach der Blüte				

Auf den Betrieben werden meist Stammlängen von 2–2,50 Metern angestrebt, wofür in jüngeren Anlagen das Aufasten zwischen Juni und August durchgeführt wird. Ein Betrieb lobt wiederum seine Reihe von Mittelstämmen mit 1,20 Meter Stammhöhe, da diese einfacher zu schütteln sei. Zum Arbeitsaufwand wurde angegeben, dass eine Arbeitskraft zwei bis drei Tage zum Schneiden von zwei Hektar Baumbestand brauche.

Abb. 24: Erziehungsschnitt an Jungpflanzen

Anmerkung des Betreibers einer Walnussanlage in Mitteldeutschland

Im Allgemeinen wird der Arbeitsaufwand für die Kulturführung einer Walnusspflanzung unterschätzt.

Wichtig ist die richtige Sortenwahl. Am Beispiel der bekannten Sorte ´Seifersdorfer Runde´ sollen negative Kriterien aufgezeigt werden. Diese Walnusssorte, die qualitativ hochwertige Nüsse und schöne gleichmäßig gewachsene Stämme liefert, ist anfällig für Blattkrankheiten. Das führt zum Beispiel zum Blattfall schon während des Fruchtfalls, was das Auflesen der Nüsse extrem erschwert. Die Frostempfindlichkeit führte vor Ort schon bei mittleren Temperaturen zu Kronenerfrierungen. Der sehr frühe Austrieb macht die ´Seifersdorfer´ empfindlich für Spätfrostschäden. Das wiederum bewirkt häufig Ertragsausfälle. Die pendelnd herunterhängenden Äste stören in der Fahrgasse und müssen extra abgeschnitten werden.

Bei der Anlagenplanung muss vor dem Anbau zu vieler Sorten gewarnt werden. Das Pollenüberangebot kann zu einem Abort weiblicher Blüten führen. Erforderlich ist die richtige wissenschaftlich ermittelte Sortenkombination mit nur wenigen Befruchterbäumen. Zu viele Sorten erschweren die Arbeit, wenn sortenreines Erntegut erzeugt werden soll. Im Alter überdecken sich ja die Kronentraufen benachbarter Bäume.

Wenn eine natürliche Wuchsform der Bäume angestrebt wird, sollte die Krone gleich genügend hoch angesetzt werden, damit die Maschinen darunter benutzt werden können. Mit wachsendem Alter senken sich die Zweige immer mehr. Sie dann zu entfernen, würde zu große Schnittwunden erzeugen. Schöne hohe Stämme sind später als Edellaubholz sehr gefragt.

Nicht unerheblich ist der Arbeitsaufwand in den ersten Jahren. Bis zum fünften Standjahr muss der Boden in Stammnähe großflächig mechanisch offen gehalten werden. So wird Unkrautkonkurrenz beseitigt und die Wasserversorgung verbessert. Frisch gepflanzte und junge Bäume sollten in Trockenperioden gewässert werden. Nicht zu vergessen ist das Anbringen von Wildschutzmanschetten, um Fraß- und Fegeschäden zu vermeiden.

Zusätzlichen Arbeitsaufwand bringt die Kronenüberwachung. Bei Sorten mit zu dichter Krone kann eine Auflockerung derselben notwendig werden. Ab dem sechsten Standjahr kann schwach wachsender Rasen untergesät werden. Eine feste Rasenschicht erleichtert die Ernte, erfordert aber mehrmaliges Mähen im Jahr. Das Auftreten der Walnussfruchtfliege auch in unseren Regionen kann das Anbaurisiko erhöhen.

Der Energieaufwand für Waschen, Sortieren und die Trocknung ist nicht unerheblich. Es wird geschätzt, dass das Arbeitsaufkommen bis zur Anlagengröße von einem Hektar in einem Familienbetrieb von Hand bewältigt werden kann. Aufgrund der hohen Preise für Spezialmaschinen sollten wohl mindestens fünf Hektar zur Verfügung stehen. Lohnende Preise lassen sich offensichtlich nur bei Direktvermarktung erzielen.

Ernte und Nachernteprozedur

Die Ernteprozedur muss dem zu erzielenden Produkt, der Ertragsmenge und dem Budget angepasst werden. Eine schnelle Abwicklung der Nacherntemaßnahmen ist unerlässlich, was die Erntesaison zu einer sehr arbeitsintensiven Periode macht. Je mehr Technik eingesetzt werden kann, desto geringer ist der Zeitaufwand. Auch der Trocknung kommt eine qualitätsbestimmende Gewichtung zu.

Erntezeitpunkt

Der Fruchtfall findet sortenabhängig etwa ab dem 10. September bis Mitte Oktober statt. Die grünen Schalen platzen bevorzugt nach stärkeren Regenfällen auf, weshalb sich die Ernte in feuchten Jahren oft nach vorne verschiebt. Die Ernte erfolgt optimalerweise zu dem Zeitpunkt, zu dem bei circa 80 Prozent der Nüsse die grüne Hülle aufgesprungen ist und man sie vom Baum schütteln kann. In Kalifornien wird dieser Vorgang durch den Einsatz von Ethylen homogenisiert. Bei unreif abgeschlagenen Nüssen schrumpft der Kern beim Trocknen extrem zusammen und ist wertlos. Wenn die Nüsse beginnen, aus ihrer Hülle zu fallen, sollten sie mindestens zweimal pro Woche aufgelesen werden, um Schimmelflecken auf der Schale zu vermeiden.

Die Ernte junger, grüner Nüsse zur Likörherstellung erfolgt bereits im Juni um den Johannitag, wenn die Früchte noch unverholzt und fruchtig sind. Frische Walnüsse (Schälnüsse) sind erntereif, wenn der Kern fest und vollständig entwickelt ist und mehr als 50 Prozent der Nüsse eine vollständig verbräunte, innere Scheidewand aufweisen.

Abb. 25: Walnussanlage bei Stuttgart

Erntetechnik

Walnüsse werden teils per Hand, teils maschinell aufgesammelt. Die ersten Durchgänge erfolgen ohne, die letzten mit Schütteln von Hand oder einem Seilschüttler. In größeren Anlagen werden regulär zwei Arbeitsgänge hintereinander alle zwei bis drei Tage vollzogen: Im ersten wird geschüttelt, im zweiten direkt aufgelesen. Bei zwei Arbeitskräften plus Maschine werden für eine Vier-Hektar-Anlage etwa 14 Tage benötigt. Auf einem Sieben-Hektar-Betrieb wurden aber auch schon vier Wochen lang täglich zwei Arbeiter und vier Hilfskräfte in der Nussernte beschäftigt.

Der Vorteil der Handernte steckt in der Möglichkeit der direkten Aussortierung von schlechten Nüssen auf dem Feld. Dazu sind aber viele Arbeitskraftstunden nötig und ab einem gewissen Ertragsniveau ist der Umstieg auf eine technisierte Ernte unabdingbar.

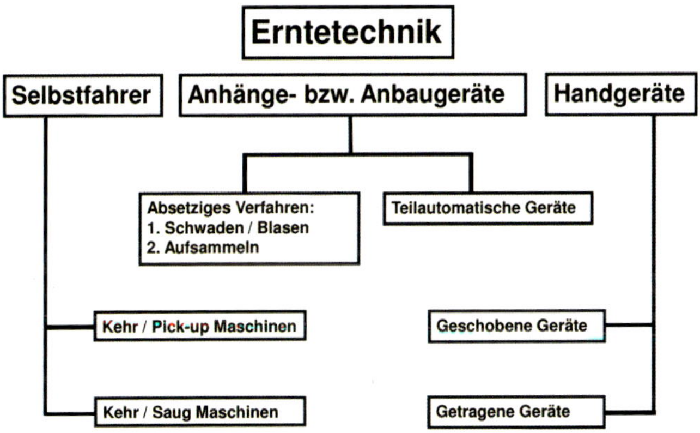

Abb. 26: Übersicht möglicher Erntetechnik (Beispiel aus dem Haselnussanbau)
Quelle: LfL Tier und Technik Kirchmeier-ILT 1-2011-8

Praktiker-Tipp:
Die letzte Mahd nicht kurz vor der Ernte durchführen → der Grünschnitt verstopft die Sammelmaschine. Alternativ kann das Schnittgut auch aufgelesen werden.

Reinigung und Sortierung

Die Nüsse müssen sofort nach der Ernte aus den Sammelbehältern geholt und so schnell wie möglich gewaschen, sortiert, gespült und getrocknet werden. Im Prinzip reicht hierzu etwas Reibung und kaltes Wasser, teilweise wird dieser Prozess aber unter Zugabe von Lauge durchgeführt. GUBLER beschreibt eine Nacherntevariante für den direktvermarktenden Betrieb, bei dem die kleineren Erntemengen auf einem aufgespannten Gitter mit einem Hochdruckreiniger von den grünen Schalenresten befreit und von Hand kalibriert werden.

In großen Anbaugebieten erfolgt dieser Vorgang meist mechanisiert, indem die Nüsse durch Waschtrommeln geführt werden, die mit kurzen Nägeln bestückt sind und so die grüne Schale anreißen und abtrennen. Dieses Prinzip lässt sich aber auch simpel mit einem Betonmischer oder einer Trommelwaschmaschine nachbauen. Sich nicht vollständig lösende Schalen werden am Ende des Arbeitsgangs manuell entfernt.

Die Größensortierung mittels Schüttelsieben oder Sortiertrommeln ist im kommerziellen Anbau ebenfalls technisiert und erfolgt normalerweise nach der Trocknung. Für den Erwerbsobstbau ist dieser Vorgang unabdingbar, da die handelsüblichen Anforderungen die Abnahme und den Preis bestimmen. Unter einem Kaliber von 32 Millimetern ist der Versuch einer Vermarktung über einen Großhändler oft aussichtslos. Bei der Direktvermarktung kann die Sortierung im Prinzip nachsichtiger behandelt werden, aber auch Verbraucher bevorzugen eine große, leicht entkernbare Nuss.

Kleine und unansehnliche Nüsse können gegebenenfalls zur Ölherstellung, zur privaten Versorgung oder als Tierfutter genutzt werden. Nüsse mit schadhaften Schalen könnten ohne Trocknung den Weg in die Vermarktung als „Schälnüsse" finden. Frische Schälnüsse sind bis zu drei bis vier Wochen nach Fruchtfall vermarktungsfähig, dürfen aber wegen der Schimmelgefahr nicht gekühlt, sondern nur belüftet werden.

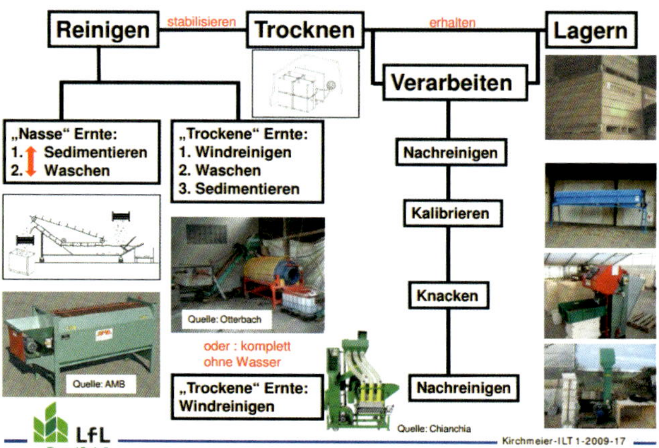

Abb. 27: Nacherntverfahren (Beispiel aus dem Haselnussanbau)

Trocknung und Lagerung

Je schneller Walnüsse nach der Ernte auf acht bis zwölf Prozent Feuchtigkeit getrocknet werden, desto besser bleibt ihre Qualität erhalten. Den Verderb fördernde Faktoren sind Feuchtigkeit, Wärme, Licht und Sauerstoff.

Die Trocknung erfolgt dünnschichtig auf Lattenrosten entweder in kühl durchlüfteten Räumen (gegebenenfalls mit Schwenkventilatoren) oder mit einem Heizgebläse bei maximal 28 Grad Celsius. Anfangs sollte die Ware zweimal täglich, dann alle zwei bis drei Tage bewegt werden. Die Nüsse verlieren bei der Trocknung 40–60 Prozent ihres Rohgewichts. Je nach Witterung während der Ernte dauert der Trocknungsvorgang ohne Heizgebläse unterschiedlich lang: Nach sonnenreichen Jahren sollten zwei, nach nassen Jahren drei bis sechs Wochen einkalkuliert werden. Fertig getrocknete Nüsse erkennt man am Knacken der Trennhäute, wenn man sie öffnet.

In kleinen bis mittelständischen Betrieben erfolgt die Trocknung oft durch Belüftung in Holzboxen oder Silos. Dies senkt die Investitionskosten, erhöht aber den Arbeitszeitaufwand. Unter bestimmten Umständen kann man die Nüsse auch mehrere Tage an der Sonne trocknen, es wird aber gewarnt, dass Sonne beziehungsweise Hitze die Nüsse leicht klein und ranzig machen könnte.

Abb. 28: Trocknungsvarianten für den Kleinbetrieb

Erst nach vollständiger Trocknung können die Nüsse in Netzsäcke abgepackt und an trockenen, kühlen und luftigen Orten gelagert werden. Auf Schädlingssicherheit sollte geachtet werden.

Bei einer Kernfeuchtigkeit von zwei bis drei Prozent sind Walnüsse bei zehn Grad und 60 Prozent relativer Luftfeuchte ohne Kernverfärbung bis zu einem Jahr haltbar, die

Keimfähigkeit geht aber schon nach sechs Monaten verloren. In gefrorenem Zustand sind sie bis zu drei Jahre lagerfähig.

Beim Lagermanagement sollte die Vermeidung von Schimmel große Beachtung finden, da es bei Lagerpilzen auf Nüssen leicht zur Bildung gefährlicher Mykotoxine kommen kann: Der Schimmelpilz *Aspergillus flavus* bildet das Gift Aflatoxin, das bei übermäßiger Dosis unter anderem Krebserkrankungen, Leberschäden, Mutationen und Fehlbildungen bei Embryonen hervorrufen kann.

Abb. 29: Kaltluftgebläse zur Nusstrocknung

In der Praxis werden die Nüsse meist noch am selben Abend gewaschen, sortiert und direkt getrocknet. Teilweise werden sie aber auch nach dem Waschen und Spülen über Nacht stehen gelassen und gehen am nächsten Tag abgetropft in die Trocknung.

Dort werden sie in kleineren Betrieben entweder auf ein Sieb maximal 60–75 Zentimeter dick ausgelegt und von unten mindestens vier Wochen lang mit einem Kaltluftgebläse getrocknet. Eigenkonstruktionen wie ein Gartenrollsieb verbunden mit einer Gasheizung beschleunigen die Trocknung. Bei größeren Erntemengen kommen acht Kubikmeter fassende Container zum Einsatz, in denen die Nüsse über vier Tage mit einem strombetriebenen Gebläse (7,5 Kilowatt) bei 25 Grad getrocknet werden.

Praktiker-Tipp:
Bei einer Kaltlufttrocknung sind die Nüsse nicht vor November vermarktungsfähig, mit einem Heizgebläse werden sie noch in derselben Woche der Ernte (etwa ab dem 15. September) abgesetzt.

Verarbeitung

Es können sich zahlreiche Verarbeitungsschritte anschließen – vom Knacken der Nüsse bis hin zur Ölproduktion. Im Kapitel „Die Walnuss in der Ernährung und Volksmedizin" wurden zahlreiche Möglichkeiten zur Verwendung der Walnussernte beschrieben.

In der Praxis stehen individuelle Spezialisierungen, wie etwa die Verarbeitung der grünen Nüsse, nicht im Vordergrund. Bei den Betrieben, die sie zu Likör verarbeiten, gelten sie eher als spielerische Ergänzung statt als einträgliches Erzeugnis, ihre Verarbeitung scheint für die meisten Betriebe zu aufwendig und wird nicht erwogen. Ähnliches gilt für die eigene Ölmanufaktur, wobei die Erlöse für hochwertiges Walnussöl weitaus höher liegen als für Likör.

Praktiker-Tipp:
Es gibt sehr verschiedene Walnussöl-Qualitäten. Kaltgepresste Öle, für die die Nusskerne nach der Trocknung geröstet wurden, sind am besten.

Der Verkauf von geknackten Walnusskernen erfolgt ebenfalls selten. Die meisten Betriebe schrecken vor dieser Form der Weiterverarbeitung wegen des Mehraufwands für Sortierung und Knacken sowie der entsprechenden Investitionen zurück. Einleuchtenderweise wollen die meisten Betriebe in der Direktvermarktung mit ihrem „Rohprodukt“ glänzen und nicht durch einen weiteren Wertschöpfungsprozess die Produktqualität und damit ihr Image gefährden. Oft reichen die Erntemengen auch einfach nicht aus, um Tafelnüsse *und* Walnusskerne zu produzieren.

Auf der anderen Seite erscheint die Kernproduktion höchst lukrativ: Wie auf Seite 22 beschrieben, wächst vor allem die Nachfrage nach verzehrfertigen (beziehungsweise zur Weiterverarbeitung geeigneten) Walnüssen. Ob für die Gastronomie, das Lebensmittelhandwerk oder den privaten Nussliebhaber: Walnusskerne werden in Massen gekauft und verarbeitet. Die Investitionen für eine Kalibrier- und Knackmaschine sind zwar erheblich, Hochrechnungen zeigen aber, dass durch den weitaus höheren Erlös der Walnusskerne die betriebswirtschaftliche Rentabilität nach wenigen Jahren die der herkömmlichen Tafelnussproduktion übersteigt.

GeNussführerin CARMEN IRMEN zeigt im Münsterland interessierten Walnussbaumbesitzern, wie sie ihre Ernten einfach und gesellig zu hochwertigen Produkten veredeln können. In ihren Seminaren werden verschiedene Stadien der Walnussfrucht zu köstlichen Naschereien und exklusiven Lebensmitteln verarbeitet. In der starken Nachfrage nach ihren Angeboten drückt sich allem Anschein nach ein Bedürfnis aus: Die Leute wollen sich wieder mehr Wissen über die Verarbeitung von Lebensmitteln aneignen und lieber in gemütlicher Runde ihre eigenen Nüsse knacken, als das Fertigprodukt aus dem Supermarkt zu kaufen.

Do it yourself!

Experten-Kommentar: Carmen Irmen, NABU GeNussführerin
Carmen, was macht die Walnuss für dich so spannend?

Bis zum Juni 2001 war die Walnuss – gekauft! – hauptsächlich eine Saisonfrucht für mich; ein wesentlicher Bestandteil des Nikolaus- beziehungsweise Weihnachtstellers. Ansonsten habe ich die Walnuss übersehen, wo ich sie heute wahrnehme. Denn mit Einzug in das alte Forsthaus des Schwiegeropas waren wir nun stolze Besitzer eines Dutzend rund 50-jähriger Walnussbäume. Ist man einmal derart gesegnet und somit sensibilisiert, ist man erstaunt, wie vielseitig ihre Verbreitung und Verwendung ist.

Das erste Walnussöl von den eigenen Nüssen (mit noch handbetriebener Ölmühle gewonnen und wunderbar im Geschmack) sowie meine Fortbildung zur zertifizierten NaturGeNUSSFührerin im Münsterland haben meinen Mann und mich schließlich zur Gründung der **Walnuss-Manufaktur Irmen** bewogen.

In Seminaren, vornehmlich zur Ölgewinnung mit unserer mobilen professionellen Ölpresse, kann ich andere Interessierte und Walnussbaumbesitzer weiter für diese heimische Fruchtalnussknacker und natürlich über den Genuss von z.B. frischem Walnussöl, Kuchen aus Walnusstrester, von aufwändig eingelegten Johanni-Nüssen oder Schneebergen, die ganz einfach in der Herstellung sind.
Häufig höre ich: „Für mich war die Walnuss bisher einfach nur eine Nuss – dass es aber so viele verschiedene gibt, sie so weit verbreitet ist, so vielfältig genutzt und genossen wird, habe ich bisher nicht gewusst!"

Carmen Irmen, 29.04.2016

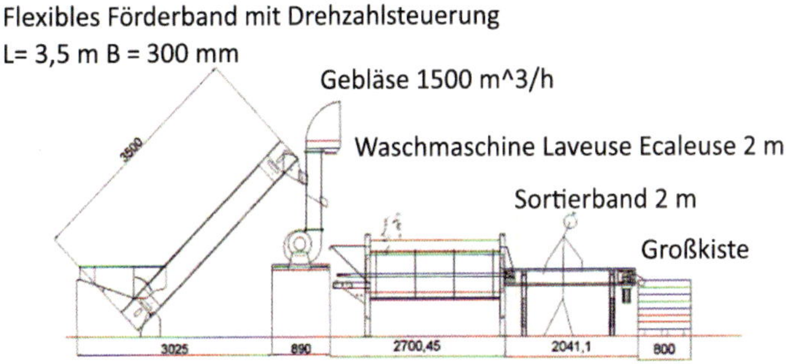

Stufe 1 Blasen + Waschen + Sortieren

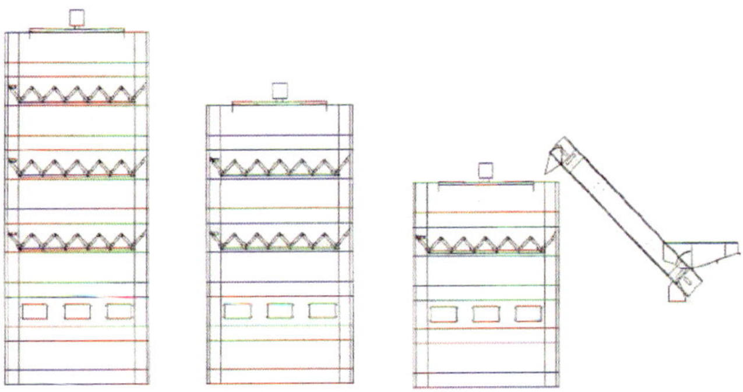

Stufe 2 Trocknen

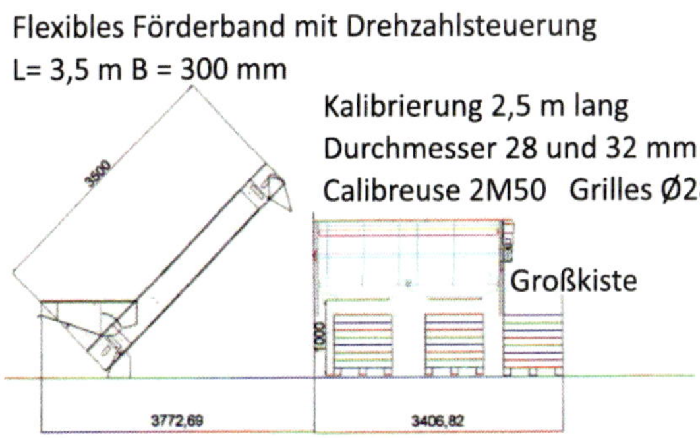

Stufe 3 Kalibrieren

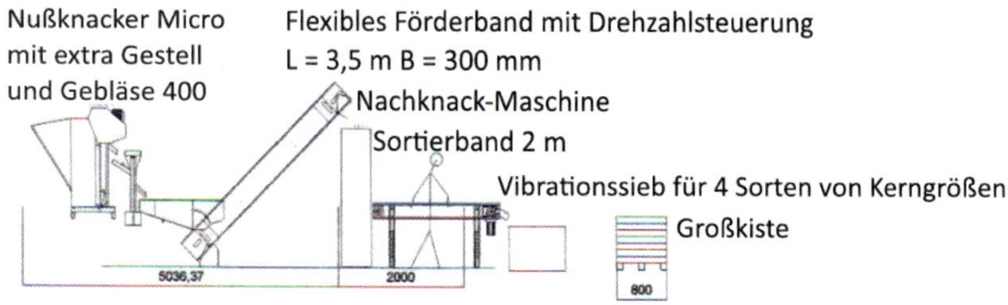

Stufe 4 Knacken, Nachknacken, Sortieren

Abb. 30: Professionelle Ernteaufbereitung und erste Verarbeitungsschritte.
Quelle: Feucht Obsttechnik

Vermarktung

Viele der deutschen Walnüsse stammen vorwiegend aus dem Streu- und Hausgartenanbau und gelangen im September/Oktober über Wochenmärkte und Fachgeschäfte in den Verkauf. Regionale Großhändler lassen sich auch gerne von Kleinproduzenten beliefern, stellen dann aber gewisse Größen- und Qualitätsanforderungen bei einer gleichzeitig geringen Vergütung.

Von den befragten Betrieben geht der Großteil der Nüsse als getrocknete Tafelnuss in die Vermarktung. Schälnüsse sind eher selten und besonders in Nordostdeutschland kaum üblich, einige Betriebe allerdings spezialisieren sich auf diese Delikatesse. Für diese Vermarktungsform sind aber besonders große Nüsse nötig; die kleineren werden getrocknet und gehen zum Beispiel an den Großhandel, aber auch dieser setzt ein Kaliber von mindestens 32 Millimeter voraus. Die Schälnüsse hingegen können meistens direkt an Hofläden und Wochenmärkte oder an spezielle Feinkostgeschäfte vermarktet werden.

Die Direktvermarktung wird in der Praxis teilweise wegen mangelnder Sortimentsvielfalt und des Mehraufwands kategorisch ausgeschlossen. Auf der anderen Seite wird die direkte Belieferung von kleinen Läden dem Verkauf an den Großhandel aus Preisgründen vorgezogen. Für die jüngeren Betriebe sind Vermarktungswege über das Internet, die Abgabe direkt an Hofläden sowie die Eigenvermarktung via Marktstand vorstellbare Optionen.

Praktiker-Tipp:
Der große Verkaufsvorteil von heimisch produzierten Walnüssen ist das Argument der Regionalität, das es für Walnüsse nur selten gibt. Diese Exklusivität sollte in der Vermarktungsstrategie und in der Vertriebskommunikation unbedingt die nötige Beachtung finden.

Die Walnuss als Holzproduzent

Ein größeres Thema als der Erwerbsfruchtanbau von Walnüssen ist in Deutschland die Nussholzproduktion. Immer wieder fanden sich in der Vergangenheit Interessenten, die die forstliche Nutzung von *Juglans Regia* L. unter die Lupe nahmen. Das kommt vor allem daher, dass das Holz der Walnuss aufgrund seines Gewichtes, des breiten, graubraunen bis schwarzen Farbkerns und der wolkigen Strukturen im Handel außerordentlich beliebt ist. Der Bedarf an Walnussholz in Deutschland ist weitaus höher als die eigene Produktion, sodass seit Langem zahlreiche Austauschhölzer mit gewissen Farb- und Strukturähnlichkeiten gehandelt werden, um dem Verlangen nach Hölzern mit Nussbaumcharakter nachzukommen. Schon ADAM SCHWAPPACH legte im 19. Jahrhundert Anbauversuche mit verschiedenen Nusshölzern und anderen „fremdländischen" Holzarten in den Preußischen Staatsforsten an. Laut SCHAARSCHMIDT wurden diese Versuche bis 1970 vom Forstamt Eberswalde weitergeführt, wovon heute aber nur noch wenige *Nigra*-Exemplare bestehen.

Die Erprobung der Walnuss für forstliche Zwecke übernimmt heute maßgeblich die „Interessengemeinschaft Nuss", unter deren Leitung in Rastatt bei Karlsuhe vor etlichen Jahren eine professionelle *Juglans*-Versuchsanlage angelegt wurde. Hier wurde beispielsweise auch die Hybride aus *J. regia* und *J. nigra* = *Juglans* x *intermedia* getestet und bewertet, sodass diese inzwischen häufiger in deutschen Forstpflanzungen auftaucht.

Im Landratsamt Ostalbkreis in der Forstaußenstelle Bopfingen werden zudem spannende Agroforstversuche durchgeführt. Hier wurden von 1998 bis 2008 Walnüsse, Schwarznüsse und Hybriden neben anderen Obstbaumarten auf bewirtschaftete Grünlandflächen gepflanzt und beeindruckende Ergebnisse erzielt.

Walnussholz – Eigenschaften und Verwendung

Die Walnuss produziert eines der hochwertigsten Hölzer in Deutschland. Sie gehört zu den Kernholzbäumen mit einem vom hellfarbigen Splintholz deutlich abgesetzten Farbkern. Vielfach ist es zudem gestreift („gewässert"), unregelmäßig dunkel geadert oder auch wolkig gezeichnet. Die Färbung variiert erheblich nach Alter und Standort, weshalb früher mehr als heute zwischen den Provenienzen Deutsch, Französisch, Kaukasisch, Türkisch oder Persisch unterschieden wurde.

Fehlerfrei gewachsen, besitzt Walnussholz zudem ausgezeichnete Festigkeitswerte, die sich mit denen der Eiche durchaus vergleichen lassen, und erweist sich als äußerst biegfest. Bei dynamischer Beanspruchung splittert es nur wenig und weist nach Abtrocknung ein gutes Stehvermögen auf, neigt also nur wenig zum Arbeiten. Walnussholz lässt sich mit allen Werkzeugen sowohl manuell als auch maschinell ausgesprochen gut und sauber bearbeiten. Die Oberflächenbehandlung ist ebenfalls problemlos, nur bei Kontakt mit Eisenmetallen ergeben sich in Verbindung mit Feuchte unansehnliche blauschwarze Verfärbungen. Obgleich eine Farbkernholzart, ist die Walnuss, der Witterung ausgesetzt, nur mäßig dauerhaft und nur das Kern-, nicht aber das Splintholz gegen Holz zerstörende Insekten beständig.

Die wertvollsten Stammabschnitte der Walnuss bilden die untersten, knollenartig verdickten und bis in die Erde reichenden Teile aus dem Stamm-Wurzel-Übergangsbereich: die Wurzelknollen oder „Nussbaumköpfe". Die daraus gewonnenen Maserfurniere werden auch als Kopffurniere bezeichnet und gehören zusammen mit den aus Stamm- und Astgabelungen gewonnenen Pyramidenfurnieren zu den dekorativsten Holzprodukten überhaupt.

Was bei anderen Baumarten also als „Holzfehler" entwertend gilt, ist bei der Walnuss oft besonders gesucht: Krümmungen, Astgabeln, Knollen und Kröpfe bieten hervorragende Holzmuster für verschiedenste Möbelteile, aber auch für Kunstgewerbe- und Schmuckartikel wie Zierschalen, Teller, Dosen, Kerzenständer, Pfeffermühlen und Schachfiguren sowie für anspruchsvolle Intarsienarbeiten. Spezielle Verwendung findet Walnussholz ferner für Gewehrschäfte, wo es vor allem in Form der wertvollen Maserfurniere, aber auch als Vollholz verwendet wird.

Abb. 31: Konsole mit Walnussfurnier

Die Maserfurniere werden auch für exklusive Möbel und Innenausstattungen sowie Armaturenbretter der gehobenen Automobilklassen verwendet. Walnussfurnier findet in Wohn-, Ess- und Schlafzimmermöbeln moderner Art, in Stilmöbeln (Barock, Rokoko) und im Gehäusebau für Tonmöbel und Standuhren Anwendung. Teilweise wird auch das Splintholz mit genutzt und dabei entweder hell belassen oder durch Beizen dem Farbton des Kernholzes angeglichen. Als Vollholz wird Walnuss in der Möbelfabrikation vor allem für gedrechselte Beine und Lehnen, Biegeteile, Umleimer und Leisten von Stühlen sowie anderen Sitz- und Kleinmöbeln verwendet.

Walnussholz wird in den überwiegenden Fällen als Furnier genutzt, da der Verwendung als Vollholz angesichts des geringen Angebots farblich ansprechenden Holzes und der Preise deutliche Grenzen gezogen sind.

Walnussanbau zur Holzproduktion

Die Holzproduktion ist ein Thema für sich. Sie erscheint sehr lukrativ und sollte daher zumindest bedacht werden. Es sei aber vorbemerkt, dass die erwünschte Verkernung des Walnussbaumes erst sehr spät einsetzen kann, nach bis zu 50 Jahren. Eine für die

Das weiterführende Biogarten- und Permakultur-Magazin. Gartenpraktiker geben in leicht verständlicher Weise ihr umfassendes Erfahrungswissen weiter. Die Themen werden nutzorientiert, lehrreich, anschaulich und unterhaltsam vermittelt.

Bitte
ausreichend
frankieren

Antwort

Organischer Landbau Verlag
Kurt Walter Lau

Leserservice
Im Kuckucksfeld 1
47624 Kevelaer
Deutschland

Nusserzeugung angelegte Walnusskultur mit veredelten Bäumen erreicht dieses Alter nur bei entsprechender Sorten- und Unterlagenwahl und die Veredlungsstelle wirkt zusätzlich wertmindernd auf die Holzqualität. Auf der anderen Seite muss auch mit Abstrichen beim Nussertrag gerechnet werden, denn je höher der Stamm erzogen wird, desto später fallen die ersten Früchte. Eine Volksformel hierfür lautet: 20 Zentimeter mehr Stamm = ein Jahr späterer Ertrag.

BECQUEY hält auch bei der Holzproduktion zehn bis zwölf Meter große Pflanzabstände (70–100 Stück pro Hektar) für angebracht. Nussbäume zur Holzproduktion sind genetisch heterogen, mehr als in den Fruchtplantagen, wo die Veredlung die Bäume zum Teil homogenisiert hat und wo man vor allem große Pflanzen verwendet. Diese Heterogenität manifestiert sich sehr schnell nach der Pflanzung durch Unterschiede von einem Exemplar zum anderen. Eine höhere Pflanzendichte, die eine Auswahl ermöglichen würde, ist nur dann zu überlegen, wenn die Durchforstungen – auch wenn sie teuer sind – spätestens dann geplant und durchgeführt werden, wenn die Kronen sich zu berühren beginnen. Denn bei jedem Eingriff besteht die Gefahr einer Kontamination mit Hallimasch aus Stümpfen von geschlägerten Bäumen. Diese Gefahr steigt, wenn man verspätet durchforstet, was die meisten Bäume in den Zustand der Schwäche versetzt.

Frühe Stammerziehung

Ziel ist es, einen möglichst langen, geraden, ast- und verletzungsfreien unteren Stammabschnitt (Erdbloch) zu erziehen. Ein schönes Erdbloch macht den ganzen Wert eines Nussbaumes in Bezug auf das Holz aus, weshalb auf seine Entwicklung von Anfang an ein Augenmerk liegen sollte. Durch kontinuierliches Ästen der Zweige von unten nach oben, einen Schutz vor Beschädigungen und eine Befestigung, die Krümmungen vorbeugt, sind die wichtigsten Weichen gestellt.

Aber es gibt auch Fehlerquellen: Eine zu frühe und zu intensive Ästung führt zu einer mangelhaften Stabilität des jungen Bäumchens und er verbiegt sich unter dem Gewicht der Krone. Außerdem erscheinen in der Folge zahlreiche Wasserreiser, die kontinuierlich entfernt werden müssen, was wiederum zu größeren Schnittwunden führt (da die Reiser immer wieder an den alten Astungswunden austreten), die Pilzeintrittspforten darstellen.

BECQUEY beschreibt zudem Untersuchungen, in denen eine intensive Astung zwar zunächst das Höhenwachstum zu begünstigen schien, in den darauffolgenden Jahren aber eine allgemeine Wachstumsreduktion und Schwächung des Baumes verursachte. Auf der anderen Seite kann ein unzureichender oder zu früh beendeter Formschnitt Wipfel- oder Astbruch zur Folge haben. Die daraus hervorgehenden schweren Verletzungen gefährden endgültig die Produktion eines gesunden Erdbloches.

Optimal ist ein leicht konischer Kronenaufbau mit einem Drittel astfreiem und zwei Dritteln belaubtem Stamm. Oft muss man den Pflanzen über das erste Jahr hinaus Zeit geben, sich zu etablieren und ausreichend Assimilationsfläche in Form von Blättern zu produzieren, bevor man mit dem Schneiden beginnt. Mit den Techniken des Formschnitts und der klassischen Ästung sollte man sich rechtzeitig vertraut machen, um schon in der Jungphase der Plantage die wichtigsten Grundmaßnahmen für einen gesunden Wuchs ergreifen zu können.

Vorbeugende Maßnahmen im Bestand

Gründe für eine schlechte Ausformung des Erdbloches können außer Fehlern bei der Pflanzung oder Pflege auch die Standortgegebenheiten (Austriebs- und Holzabschlusszeit), genetische Fehler oder Parasiten sein. Bei der Pflanzung gelten die gleichen Regeln wie zur Nussproduktion beschrieben (siehe Kapitel „Pflanzung" ab Seite 53). Für eine gute Holzqualität sollte insbesondere beachtet werden, dass eine uneingeschränkte Wurzelentwicklung eine gründliche Bodenvorbereitung voraussetzt und die Bäume nicht zu tief gesetzt werden dürfen – der Wurzelhals sollte bestenfalls noch zu sehen sein.

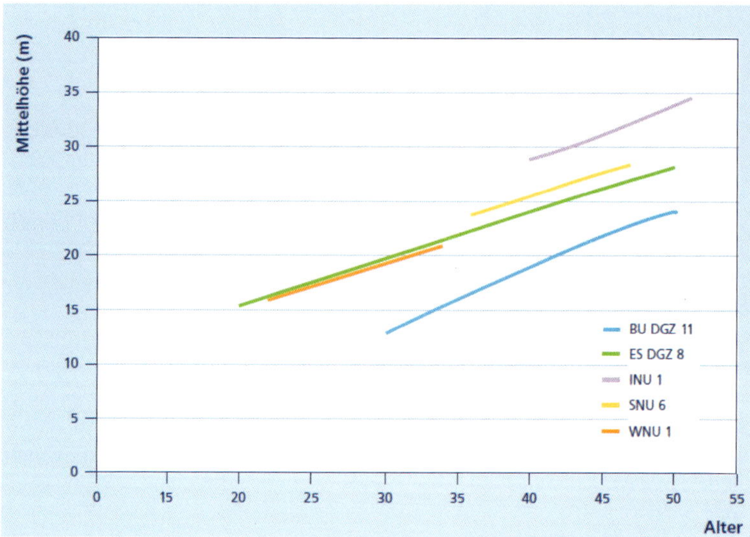

Abb. 32: Höhenwachstumskurven von Buche (BU) und Esche (ES) auf Spitzenstandorten im Vergleich mit bestandesspezifischen Höhenentwicklungen von Intermedia- (INU), Schwarz- (SNU) und Walnussbeständen (WNU) auf Spitzenstandorten am Kaiserstuhl (Versuchsflächen der FVA)

Im Aufwuchs ist die Begleitvegetation regelmäßig zu dezimieren, um die Wurzelkonkurrenz so gering wie möglich zu halten. Außerdem ist das Verletzen der Stämme bei Ernte- und Pflegearbeiten unbedingt zu vermeiden. Dies ist vor allem im Frühjahr wichtig, wenn sich die Rinde leicht löst. Große Äste sollten nicht zu spät oder unvorsichtig geästet werden, um große Wunden und den Einfall von Fäulepilzen zu vermeiden. Die zu schneidenden Äste sollten wie bereits erwähnt einen Durchmesser von vier Zentimetern nicht überschreiten und ein Wundverschlussmittel Anwendung finden.

Holzbewertung

Der Holzwert setzt sich aus verschiedenen Parametern zusammen, die bei der Pflanzung und Pflege der Anlage positiv oder negativ beeinflusst werden können. Hierzu zählt eine Stammhöhe von mindestens 2,50 Meter, besser an die 3 Meter. Unterhalb dieser Länge ist das Holz zwar noch verkäuflich, aber der Preis ist empfindlich beeinträchtigt und man muss größere Mengen liefern.

Tabelle 10: Berechnung des Volumens in Festmeter

Umfang:	**Blochlänge:**		
	2 m	3 m	4 m
80 cm	0,102 fm	0,153 fm	0,204 fm
120 cm	0,229 fm	0,344 fm	0,458 fm
160 cm	0,407 fm	0,611 fm	0,815 fm

Bei den Längenangaben wurde die begehrte Wurzelknolle früher bereits als Teil des Bloches mit eingerechnet. Um die ganze Länge zu gewinnen, wurden die Bäume daher nicht abgesägt, sondern sehr aufwendig mitsamt der Wurzelknolle ausgegraben („austopfen/auskesseln"). Heute wird fast ausnahmslos auf die Wertung der Wurzelknolle verzichtet.

An guten Walnussstandorten kann mit einem Umfangzuwachs von 3 Zentimetern pro Jahr gerechnet werden, was einem Durchmesserzuwachs von einem Zentimeter entspricht. Die Voraussetzung hierfür ist auch genügend Platz für die freie Kronenentwicklung. Prinzipiell ist es möglich, Nussbaumholz in mehr als 100 Jahren, oder in weniger als 40 Jahren zu produzieren; der Standort bestimmt das Potenzial.

Abb. 33: Alter, sehr wertvoller Walnussbaum. Aus: Becquey 1997, S. 121

Die Abschätzung des Holzwertes nach entsprechender Standdauer ist schwierig, weil eine große Anzahl von Faktoren mitspielt. Die wichtigsten sind der Durchmesser, die Länge, die verschiedenen Holzfehler und die Farbe. Sie beeinflussen zugleich die Klassifizierung (Säge- oder Furnierholz) und den Festmeterpreis. Bei Furnierqualität sind praktisch keine äußeren Fehler erlaubt. Bei Sägeholz werden verschiedene Sortimente unterschieden, abhängig von Typ und Anzahl der Fehler. Diese können sein: Anzahl, Stärke, Gesundheit und Überwallungsgrad der Äste, Krümmung des Bloches, Fäulnis, Frostschäden, Fremdkörper, Wasserreiser oder die Pfropfstelle in der Mitte des Bloches. In Anwendungsbereichen wie der hochklassigen Kunsttischlerei wird der Splintanteil bei der Furniererzeugung entfernt und daher teilweise ebenso als „Fehler“ nicht mitbezahlt.

Verkauf

Im Prinzip ist es immer ein Schaden, einen gesunden Baum, der noch wächst, zu verkaufen. Denn: Je dicker der Baum, umso größer sein Wert, auch wenn der Festmeterpreis oberhalb von bestimmten Durchmessern nicht mehr steigt. Bei sehr alten Bäumen (über 63 Zentimeter Brusthöhendurchmesser) ist daher genau zu überlegen, wie lange man sie stehen lässt: Ihr Wachstum ist offensichtlich eingestellt, aber die relative Dicke des Splintanteils im Holz vermindert sich, was einem Zuwachs des hochwertigsten Teils des Holzes, dem Kernanteil, entspricht. Dem gegenüber steht das Schadensrisiko, das von Jahr zu Jahr die Gefahr birgt, durch Windbruch, Frostschäden und sonstige Verletzungen zum teilweisen oder vollständigen Verlust des Wertes zu führen.

Es gibt also verschiedene Gründe, warum ein Baum geerntet und das Holz verkauft werden sollte. Der einfachste ist seine Reife: Er wird in den Spitzen dürr, hört auf zu wachsen und reduziert den Nussertrag auf ein Minimum. Aber auch bei Frostschäden, Stammverletzungen oder Bruch von großen Ästen kann eine Nutzung ratsam sein, wenn die Gefahr eines Fäulniseintritts zu groß ist.

Bei schlechter werdender Qualität der Nüsse sollte eine Abwägung von Nussertrag und potenziellem derzeitigen Holzwert erfolgen und der Baum gegebenenfalls erneuert werden. Schließlich wird oft auch verkauft, weil eine Ausdünnung des Bestandes dringend erforderlich ist, es an Geld mangelt und/oder der Markt zurzeit günstige Konditionen bietet.

Holzart	Furnier €/fm			Teilfurnier €/fm		
	2006	2005	2004	2006	2005	2004
Nuss	1.258	1.358	1.019	531	505	502
Bergahorn	1.146	1.014	1.094	379	353	379
Eiche	758	742	693	461	438	461

Abb. 34: Durchschnittliche Holzerlöse der Markgräfler Wertholzsubmission 2004–2006, Ehring & Keller 2008, S. 30

Das eigentliche Problem beim Verkauf ist, einen Käufer zu finden, dessen Ansprüche oder Absatzmöglichkeiten dem zu verkaufenden Holz entsprechen. Denn dieser würde das Holz bestmöglich bewerten und am teuersten einkaufen. BECQUEY kommentiert:

„Es ist leichter, einen schönen Nussbaum aufzuziehen, als ihn zum besten Preis zu verkaufen, wenn es einem an Erfahrung fehlt."

Experten-Kommentar: Andreas Ehring, Forstliche Versuchs- und Forschungsanstalt Baden-Württemberg

Sind Walnussbäume für den Forst interessant, Herr Ehring?

Walnussholz erfreut sich einer stetigen Nachfrage und erzielt hohe Erlöse, die Nachfrage ist größer als das Angebot. Das Walnussholz stammt weit überwiegend aus der Feldflur, der forstliche Anbau spielt praktisch keine Rolle, er ist auf einzelne Kleinstflächen beschränkt.

Die Walnuss ist im Wald äußerst schwierig zu kultivieren. Das Ergebnis mehrerer forstlicher Anbauversuche in der Schweiz mit einheimischen Walnussherkünften aus der Feldflur und dem Obstbau waren bestenfalls befriedigend [BURGER, H.; FISCHER F.]. Wegen der Gefahr des Hallimaschbefalls wird in Frankreich empfohlen, die Walnuss nicht auf Waldböden anzubauen [BECQUEY, J.]. Aufgrund der begrenzten Höhenwuchsleistung ist die Walnuss fast allen Konkurrenzbaumarten im Waldbestand unterlegen [EHRING, A.; KELLER, O.].

Der Anbau auf Streuobstwiesen, an Böschungen, entlang von Bachläufen oder bei Erstaufforstungen kann überall dort, wo nicht die Fruchtproduktion im Vordergrund steht, empfohlen werden. Durch dynamische Ästung [EHRING, A.; KELLER, O.] sind astfreie Schaftlängen von drei bis sieben Metern zu erzielen. Eine sinnvolle Kombination zwischen Fruchtproduktion (veredelte Walnussbäume) und Holzproduktion ist nur im Hobbybereich möglich. Im Erwerbsobstbau steht das Ziel, möglichst schnell Früchte zu produzieren, der Holzproduktion entgegen.

Ausblick: Aus den schlechten Erfahrungen mit dem forstlichen Walnussanbau in der Schweiz wurde um 1980 an der Professur für Waldbau der Eidgenössischen Technischen Hochschule (ETH) Zürich unter Leitung von Professor SCHÜTZ die Arbeitshypothese aufgestellt, dass die Walnuss in ihrem Ursprungsgebiet noch als Waldbaum vorkommt und entsprechend günstigere Eigenschaften für die Produktion von Wertholz aufweisen sollte als unsere Kulturformen, die über Jahrhunderte auf die Fruchtgröße und Fruchtqualität selektioniert wurden [ROTACH, P.]. Die ersten Ergebnisse aus den inzwischen 34-jährigen Versuchsanbauten sind vielversprechend [LÜTHY, H.; EHRING, A.]. Von der Forstlichen Versuchs- und Forschungsanstalt Baden-Württemberg (FVA) wurden von sogenannten Plusbäumen (besonders wüchsige und qualitativ hervorragende Bäume) Reiser geschnitten, auf Walnussunterlagen veredelt und eine Samenplantage angelegt.

Es ist zu früh, um Empfehlungen für den forstlichen Anbau geben zu können. Entscheidend für den Anbau im Wald wird die zu erwartende Höhenwuchsleistung und die Hallimaschgefährdung sein. Ein Anbau in der Feldflur kann bereits jetzt empfohlen werden, allerdings ist die Nutzung der Nüsse kaum möglich, da die Früchte extrem hart und mit handelsüblichen Nussknackern nicht zu öffnen sind.

Praxiserfahrungen unter Walnussanbauern

Da Veredlungen in der Regel schwächer wachsen als Sämlingsbäume und das Holz erst spät verkernt, wurden von den mir bekannten Nussproduzenten bis dato noch keine Stämme verkauft. In den meisten Fällen ist eine Holzvermarktung aber geplant, und man ist versucht, ein Mittelmaß zwischen Nussertrag und Holzzuwachs zu finden.

Es heißt, für zu dünne und schwache Stämme würden sich am Ende keine Abnehmer finden, weshalb man den späteren Ertragseinstieg zugunsten der Stammausbildung in Kauf nehme. Mit 60 bis 80 Jahren und einem Durchmesser von 50 Zentimetern sei bei der Walnuss mit gutem Furnierholz zu rechnen. Die minimale Furnierlänge wird mit 2,20 Meter angegeben und die Preise für einen guten Walnussstamm (mindestens 50 Zentimeter Durchmesser und astfrei) auf 800–1.000 Euro pro Kubikmeter geschätzt. Für schlechtere Qualitäten könne man immer noch mit 300–400 Euro pro Kubikmeter rechnen.

Im Forstamt Bopfingen wird eine Stammhöhe von 4,40 Meter angestrebt, um eine Furnierlänge von mindestens 2,20 Meter zu erreichen. Die Jungbäume wurden auf 6 mal 4 Meter Abstände gepflanzt und mit einem entsprechenden Einzelbaumschutz bestückt.

Es ist empfehlenswert, sich an sogenannten Meistgebotsterminen zu beteiligen, die zentral organisiert werden und an denen sich meist eine größere Zahl möglicher Kunden einfindet.

Praktiker-Tipp:
Junge Triebe sollten bis Ende Juli/Mitte August abgenommen werden, damit sie nicht dicker werden als 1,5 Zentimeter und keine Astnarben den Wert des Stammes mindern.

Abb. 35: Obstbäume zur Holzgewinnung

Abb. 36: Walnüsse im Agroforstprojekt

Abb. 37: Intermedia-Versuche der IG Nuss

Krankheiten, Schädlinge und Schäden an der Walnuss

Nichts geht über das Wissen um natürliche Risiken in der land- und forstwirtschaftlichen Produktion. Kennt man seine Gegner, kennt man deren Schwächen und kann mit vorbeugenden Maßnahmen einen Schaden verhindern und im Akutfall gezielt eingreifen.

Auch wenn es an der Walnuss nicht annähernd so viele Krankheiten und Schädlinge gibt wie an anderen Obstarten, wäre das Ignorieren der bestehenden biotischen und abiotischen Risiken im Walnussanbau fatal, denn sie können bis zum totalen Ernteausfall oder gar dem Ableben ganzer Bäume führen.

Während in frühen Veröffentlichungen zum Walnussanbau in den 1960er-Jahren lediglich die Frostempfindlichkeit des sonst so robusten Baumes herausgestellt wurde, wird heutzutage ein intensives Pflanzenschutzmanagement empfohlen: Die Auffassung, der Pflanzenschutz erfordere in Ertragsanlagen keinen großen Aufwand, steht dem massiven Herbi-, Pesti- und Fungizideinsatz der großen Erzeugerländer gegenüber.

Deshalb ergibt es Sinn, sich die möglichen Schadensquellen bei Planung einer Anlage oder auch nur einer Einzelbaumpflanzung zu Gemüte zu führen. Generell sind die Schaderreger an der Walnuss anhand der Symptome aber nur schwer zu unterscheiden, da die Entwicklung stark witterungsabhängig ist, das Ausmaß je nach Zeitpunkt des Erstbefalls schwankt und sie häufig in Kombination mit einem oder mehreren anderen Schaderregern auftreten.

Allgemein gilt: Pflanzenschutz ist in engen Plantagen ergiebiger als auf hohen Bäumen mit weiten Pflanzabständen – hier sind vorbeugende und akute Maßnahmen oft nur schwer zu praktizieren. Dafür breiten sich zum Beispiel Blattkrankheiten in engen Beständen leichter aus und machen einen Eingriff überhaupt erst erforderlich.

Bakterielle Erkrankungen

Die Bakteriose *Xanthomonas arboricola* pv. *juglandis*

Abb. 38: Symptome der *Xanthomonas* nach Eindringen in den Kern

Xanthomonas arboricola pv. *juglandis* (veraltete Bezeichnung: *Xanthomonas juglandis Pierce*) ist in Deutschland eine der am häufigsten auftretenden Erkrankungen der Walnuss und wird auch als „Bakterieller Walnussbrand" bezeichnet. Das Bakterium tritt verstärkt bei feuchter Witterung auf und befällt praktisch alle grünen Pflanzenteile. Es dringt sehr leicht in junges Gewebe ein, weshalb die Bäume besonders vom Austriebsbeginn bis zum Austrocknen der Stigmata der weiblichen Blüten, also etwa von Mitte April bis Ende Mai, gefährdet sind.

Symptome und Verlauf

Bei frühem Befall werden die Blätter vorzeitig abgeworfen, die jungen Triebe ringeln sich und sterben bei fortgeschrittener Krankheit ebenso wie die Blüten ab. Auf der grünen Nussschale und den Blättern werden dunkle, zunächst ölige Flecken sichtbar, die nach und nach den größten Teil der Fruchthülle beziehungsweise der Blattflächen bedecken. Im Entwicklungsverlauf durchdringen sie die Nussschale und zerstören den Nusskern. Die befallenen Früchte fallen zum Teil bereits frühzeitig ab. Die am Baum verbleibenden sind an der gelblichen Färbung des Kernes erkennbar und sollten nicht mehr verzehrt werden.

Bei spätem Befall ist der Nussertrag meist nicht beeinträchtigt, aber die dunkel-fleckige Nussschale stellt ein optisches Problem dar. Zudem haftet die Nusshülle meist fest an der Nussschale, was zum Vermarktungsausschluss führen kann. Trockene Jahre bleiben ohne nennenswerten Befall.

Unterscheidungsmerkmale

Während bei den meisten pilzlichen Schaderregern vor allem blattunterseits, aber auch blattoberseits und auf den Früchten im Bereich der Nekrosen Fruchtkörper (*Acervuli*) zu erkennen sind, lassen sich derartige Strukturen nach Bakterienbefall nicht ausmachen. Bei feuchtwarmer Witterung lässt sich aber Bakterienexsudat beobachten, das beim Austrocknen auskristallisiert. Grundlegend sind alle Walnusssorten für *Xanthomonas* anfällig, es gibt aber einschlägige Unterschiede, die aus dem angehängten Sortenkatalog ersichtlich werden.

Prophylaxe

Da das Bakterium vor allem in infizierten Knospen überwintert, begünstigen sehr enge Baumabstände und lange Regenperioden vor, während und nach der Blüte die Verbreitung und führen teilweise zu schweren Brandsymptomen. Nach Versuchen von SENURA wird die Förderung der Bodenfruchtbarkeit durch Kalkung und Kompost- oder Mistgaben als Prophylaxe empfohlen.

Bekämpfung

In Deutschland sind zur Bekämpfung von *Xanthomonas arboricola* pv. *juglandis* keine wirksamen Pflanzenschutzmittel zugelassen.

In der Anbauregion Rhône-Alpes (F) werden die Bäume von April bis Mai drei- bis fünfmal mit 8–12,5 kg Bordeauxbrühe[2] mit einer Konzentration von 20 Prozent Metallkupfer behandelt. Blattgaben von Zink, Mangan und Magnesium, kombiniert mit einer Bodengabe von Calciumnitrat statt Ammoniumnitrat, wurden in Frankreich ebenfalls erfolgreich getestet. Zudem wird hier an alternativen Substanzen (zum Beispiel Phosphiten) zur Bekämpfung beziehungsweise Vorbeugung der Bakteriose geforscht, da bereits kupferresistente *Xanthomonas*-Bakterien aufgetreten sind.

Pilzliche Erkrankungen

Marssonina juglandis

Marssonina juglandis (auch: *Gnomonia leptostyla*) ist die weltweit bedeutendste pilzliche Erkrankung der Walnuss. Sie tritt vor allem in feuchten Jahren auf und bewirkt zunächst Veränderungen des Blatt- und Fruchthüllengewebes; sie ist häufig in Kombination mit der Bakteriose *Xanthomonas* anzutreffen.

Symptome und Verlauf

Die *Acervuli*-Fruchtkörper treten in den abgestorbenen Bereichen blattunterseits als kleine dunkle Punkte von 0,2 Millimetern Durchmesser, nicht selten in konzentrischen Ringen, auf. Später kann das geschädigte Gewebe herausfallen, sodass Löcher in der Blattspreite entstehen.

Während der Vegetationsperiode breitet sich der Pilz rasch über Konidien via Wind und Regenspritzer aus. Die Pilzsporen überwintern auf abgefallenem Laub und in den Fruchthüllen, werden im Frühjahr als Ascosporen ausgeschleudert und infizieren die jungen Blatttriebe.

Bei starkem/frühem *Marssonina*-Befall kann vorzeitiger Blattfall auftreten, der die Ernte behindert und aufgrund der geringeren Assimilationsfläche Wachstumshemmungen generiert. Auch die Nüsse können vorzeitig abgeworfen werden, nachdem sich dunkelbraune bis schwärzliche Flecken auf der grünen Nussschale gebildet haben. Es treten verstärkt trockenfaule, verpilzte Nusskerne auf.

Abb. 39: Symptome von *Marssonina juglandis*

2 Bordeauxbrühe ist eine Suspension von gebranntem Kalk in einer wässrigen Kupfersulfatlösung.

Prophylaxe

Es wird empfohlen, das Laub nach Blattfall möglichst aus der Anlage zu entfernen (oder mit einer kombinierten Stickstoffgabe zu vermulchen) und möglichst große Baumabstände (12–15 Meter) zu wählen. Regelmäßige Auslichtungsschnitte fördern zusätzlich die Bestandsdurchlüftung, was die Blattnässedauer senkt und damit die Infektionswahrscheinlichkeit verringert. Laut MAURER erfolgt eine *Marssonina*-Prophylaxe auch durch Kupferspritzung und Dithianon.

Bekämpfung

Der Zeitpunkt der Primärinfektion im Frühjahr variiert stark von Jahr zu Jahr, was die adäquate Bekämpfung erschwert. In der Region Rhône-Alpes (F) sind je nach Walnusssorte ein bis drei Spritzungen erforderlich, wofür hier die Wirkstoffe Dithianon, Folpet, Myclobutanil und Mancozeb zur Verfügung stehen. In Deutschland ist kein wirksames Pflanzenschutzmittel zur Bekämpfung von *Marssonina juglandis* zugelassen.

Colletotrichum gloeosporoides

Colletotrichum gloeosporoides wirkt sich im Vergleich zur *Marssonina juglandis* deutlich weniger auf Ertrag und Qualität aus. Der Pilz verursacht auf den Blättern und grünen Früchten rundliche bis ovale grau braune Flecken, die häufig einen roten Rand haben und im Laufe der Zeit zusammenfließen können. Auf dem abgestorbenen Gewebe entwickeln sich die *Acervuli*, in denen – ähnlich wie bei der *Marssonina*-Erkrankung – große Mengen von Konidien entstehen, die über Regenspritzer von Blatt zu Blatt und von Baum zu Baum verbreitet werden. Bezüglich der Überdauerung, Krankheitsentwicklung und Schadwirkung von *Colletotrichum gloeosporoides* an der Walnuss ist bislang nicht viel bekannt. Der Pilz tritt nach Beobachtungen am LTZ Augustenberg oft vergesellschaftet mit *Xanthomonas* und *Marssonina* auf.

Cladosporium

Der Pilz *Cladosporium* setzt sich in der Nuss fest und ist als weißliche Schimmelbildung um den Kern herum zu erkennen. Das Eindringen erfolgt über den Stielansatz bei Bodenkontakt der Früchte vor der Auflese, zu langsamer Ausreife oder Trocknung.

Hallimasch

Nur wenige Pilzarten besiedeln das Holz oder die Rinde der Walnuss. BECQUEY zählt den Hallimasch (*Armillaria mellea*) und die Tintenfleckenkrankheit (*Phytophtora cambivora*) zu den gefährlichsten pilzlichen Erregern, da beide durch Zerstörung der Wurzeln zum Absterben des Baumes führen, ohne dass sichere Behandlungsmethoden bestünden.

Abb. 40: Hallimaschbefall bei einer 16-jährigen Walnuss im Wald

Unter Praktikern ist der Hallimasch als häufige Todesursache von Walnussbäumen in Folge von Schnittmaßnahmen bekannt. Auch sollten Bodenbearbeitungsmaßnahmen im Umfeld der Bäume mit respektvollem Abstand, aber regelmäßig erfolgen, damit die Wurzeln gar nicht erst in die Fahrgasse wachsen. Bei Dauergrünland unter den Bäumen ist das Verletzungsrisiko der Wurzeln auf Dauer minimal.

SCHAARSCHMIDT ergänzt *Polyporus squamosus* – ein auf *Juglans* häufig vorkommender Pilz, der eine Weißfäule des Holzes verursacht und dessen Fruchtkörper bis zu 30 Zentimeter groß werden können – und *Polyporus sulphureus,* der eine schnell fortschreitende Rotfäule in den Markstrahlen und Jahresringen verursacht.

Viren

Cherry leaf roll virus

Das Cherry leaf roll virus (CLRV) oder die Walnut Blackline Disease ist eine heikle Erkrankung, die sich meist erst sehr spät zu erkennen gibt. Die charakteristische Symptomausprägung – eine Gewebenekrotisierung („Black Line") der Veredlungsstelle – resultiert aus dem Absterben kambialer Zellen an der Pfropfstelle. Infolgedessen sind terminale Wuchsdepressionen mit chlorotischen Blättern und Entlaubung einzelner Äste zu beobachten, bis der Baum komplett abstirbt.

Nach LANGER et al. tritt diese Krankheit nur bei Pfropfkombinationen aus Echter Walnuss (*Juglans regia*) und Nicht-*regia*-Unterlagen infolge einer Überempfindlichkeitsreaktion von CLRV-resistenten Unterlagen auf, wenn das Edelreis CLRV-infiziert ist. Dieses betrifft zum Beispiel die kommerziellen Standardunterlagen *Juglans nigra*, *J. intermedia* (*J. regia* x *J. nigra*), *J. hindsii*, Hybrid-Paradox (*J. hindsii* × *J. regia*), Flügelnuss (*Pteriocarya stenoptera*) in China und auch einige weniger gebräuchliche *Juglans* spp.

Inzwischen sind die wirtschaftlichen Risiken für den Walnussanbau deutlich geringer als noch in den 1980er-Jahren. Strenge phytosanitäre Maßnahmen konnten mithilfe zuverlässiger und ausgefeilter Diagnostik sowie durch Selektion virusfreier Edelreiser in den Baumschulen durchgesetzt werden. Wirtschaftlich bedeutend ist die Blackline Disease aber weiterhin in Walnussplantagen in den USA, Frankreich und Osteuropa.

Abb. 41: Spätes Erkennungsmerkmal der Blackline Disease

Symptome und Verlauf

Aufgrund der langsamen und symptomlosen Krankheitsentwicklung über viele Jahre sind CLRV-infizierte Sämlinge und Jungbäume visuell nicht zu erkennen, um sie frühzeitig aus dem Bestand zu eliminieren, und selbst nach vegetativer Vermehrung einer CLRV-infizierten Echten Walnuss auf die hypersensitiv reagierenden Unterlagen zeigen die Walnussbäume über Jahre hinweg keine makroskopisch erkennbaren Symptome.

Als Ursache wird die sehr langsame Ausbreitung (20 Jahre und mehr) des Virus in der Pflanze vermutet. Erst nach Erreichen der Pfropfstelle – wenn sich die Anlage bereits in der Hochertragsphase befindet – induziert das CLRV die Hypersensitivitätsreaktion in der Nicht-*regia*-Unterlage und die eigentliche „Black Line" wird sichtbar.

Prophylaxe

Die Übertragung findet vertikal über infizierte Samen auf die Nachkommenschaft und horizontal über den Pollen von Baum zu Baum statt. Daher ist in einer Befallssituation die Infektionsrate bei frühreifen Sorten höher als bei spätreifen. In jedem Fall muss von einer mechanischen Übertragung bei Pflegemaßnahmen im Produktionsbestand ausgegangen werden. Die Unterbrechung der Infektionswege und vor allem ein Kulturbeginn mit gesundem Ausgangsmaterial unter Verwendung von *J. regia*-Unterlagen zählen daher zu den wenigen Möglichkeiten prophylaktischer Maßnahmen.

In jedem Fall ist die regelmäßige Kontrolle der Kulturen von größter Bedeutung. Bei großen Ausfällen und Problemen in den Beständen sind stets virologische Ursachen zu berücksichtigen und entsprechende Beratung einzuholen.

Tierische Schaderreger

Die Walnussfruchtfliege *(Rhagoletis completa/Rhagoletis suavis)*

Der mit Abstand wichtigste Schädling der hiesigen Walnusskultur ist die Walnussfruchtfliege, die in Deutschland als *Rhagoletis completa* oder *Rhagoletis suavis* (Diptera, Tephritidae) auftritt. Beide Arten sind sehr eng verwandt und wurden in der Vergangenheit als eine Art geführt. In den USA wird die Walnussfruchtfliege als einer der gefährlichsten Walnussschädlinge eingestuft.

Die ursprünglich aus Nordamerika stammende *Rhagoletis completa* ist eine nahe Verwandte der Kirschfruchtfliege und seit Ende der 1980er-Jahre in der Schweiz nachgewiesen. Sie hat sich in den letzten Jahren von dort aus hauptsächlich entlang des Oberrheins in Baden-Württemberg, Rheinland-Pfalz und Hessen, aber auch in den angrenzenden Bundesländern bis in die Region Köln ausgebreitet. Ihre „Schwester" *Rhagoletis suavis* wurde erstmalig 2013 in Brandenburg (Kleinmachnow) nachgewiesen.

Abb. 42: *Rhagoletis completa*

Einschätzungen aus der Praxis: Seit mindestens drei Jahren tritt die Walnussfruchtfliege auf zehn Kilometern rund um den Bodensee auf und verbreitet sich entlang der Hauptverkehrsrouten. In Freiburg sollen die Befallszahlen am höchsten ausfallen, im Thurgau noch recht überschaubar sein. Der Schädling konnte in einem Bestand in Mitteldeutschland bereits etwa zehnprozentige Ausfälle bewirken und wird im Berliner Raum regelmäßig an einzelnen Gartenbäumen identifiziert.

Biologie und Zyklus

Das erwachsene Tier hat etwa die Größe einer Stubenfliege, weist aber schwarzgebänderte Flügel, einen gelben Punkt auf dem Rücken sowie ein gelbes Scutellum auf.

Zwischen Mitte Juli bis in den September schlüpft sie aus der Puppe mit Hauptflug während der ersten vier Wochen. Die Weibchen legen ihre Eier ab Ende Juli in Grüppchen in die grünen Fruchtschalen. Nach etwa fünf Tagen schlüpfen die weißlich gelben Larven und ernähren sich vom Fruchtfleisch, das die heranreifende Nuss umgibt. Nach drei bis fünf Wochen kriechen sie aus der Schale und lassen sich – noch während die Nuss am Baum hängt – ab Anfang September aus der Fruchthülle fallen. Die Maden verpuppen sich innerhalb weniger Stunden im Boden und überdauern dort bis ins nächste Jahr.

Schadbild

Abb. 43: Maden der Walnussfruchtfliege

Befallene Nüsse färben sich ab Mitte August schwarz, die äußere Fruchtschale wird schmierig. Bis Ende August ist die äußere Hülle vieler Nüsse komplett zerstört, und die Fruchtfleischreste bleiben fest an der verholzten Nussschale haften, sodass sie praktisch nicht mehr entfernt werden können. Zudem verfärbt sich der Holzkörper der Nussschale stellenweise schwarz. Neben diesem optischen Schaden verliert der Nusskörper durch eine unzureichende Versorgung an innerer Qualität: Der Ölgehalt ist bei geschädigten Früchten nur halb so hoch wie bei unbefallenen, häufig ist auch eine stärkere Verpilzung feststellbar.

Unterscheidungsmerkmale

Verwechslungsgefahr besteht mit den ähnlich aussehenden Symptomen der *Xanthomonas*-Bakterienkrankheit und der *Marssonina*-Blattkrankheit, wobei die Walnussfruchtfliege keine Blattsymptome verursacht. Der Fang der Adulten mittels Gelbtafeln oder die Identifizierung der Larven in den schwarzen Nussschalen im August sind wohl die sichersten Indikatoren.

Prophylaxe

Die Wirkung von vorbeugenden Maßnahmen wie Abnetzen oder die Förderung von natürlichen Antagonisten hat DEDERICHS 2013 in mehreren Versuchen widerlegt. Das Aufhängen von Gelbtafeln sei ein gutes Monitoring-Instrument (siehe Fenster), diene aber nicht dem Massenfang. HINRICHS-BERGER empfiehlt das sofortige Entfernen und Vernichten befallener Früchte und das Abdecken des Bodens mit einer Folie als risikomindernde Maßnahmen.

Es soll gewisse Sortenunterschiede bei der Anfälligkeit für diesen Schädling geben, da zum Beispiel eine frühe Ausreife und eine weniger harte Nusshülle den Befall begünstigen. Eine hohe Anfälligkeit zeigt die Moselaner Walnuss ´Nr. 120´. Dagegen werden 'Scharsch´, ´Meylanaise´ und die Kurmarker Walnuss ´Nr. 1247´ in geringerem Umfang befallen. Die Fliege scheint sich aber einem Sortenspektrum relativ rasch anzupassen und bestimmte Sorten nur dann zu vernachlässigen, wenn es attraktivere zur Auswahl gibt.

Abb. 44: Erforschung von Bekämpfungsmethoden der Walnussfruchtfliege im Landratsamt Breisgau-Hochschwarzwald

Bekämpfung

Laut dem Deutschen Pflanzenschutzmittel-Verzeichnis ist gegen den neuen Schädling an der Walnuss ausschließlich Acetamiprid (Mospilan) zugelassen, die Zulassung endete aber vorerst Ende 2016.

Darüber hinaus besteht bei der chemischen Bekämpfung im Erwerbsanbau die Möglichkeit, eine einzelbetriebliche Genehmigung nach Artikel 22 Pflanzenschutzgesetz für das Produkt „Calypso 408 SC" zu beantragen.

Bisherige Versuche und Praxistests bestätigen selbst bei sehr hohem Befallsdruck einen guten bis sehr guten Erfolg dieser Sprühanwendung (maximal dreimal ab Ende Juli). Die Verwendung an hochstämmigen Walnussbäumen stellt aber zurzeit noch Schwierigkeiten dar, weil für eine zuverlässige Wirkung jede Nuss von der Spritzflüssigkeit umhüllt werden muss.

„Calypso" basiert auf dem Wirkstoff Thiacloprid, weitere wären Phosmet und Spinosad. Letzteres ist in Frankreich zur Bekämpfung der Walnussfruchtfliege im Bioanbau zugelassen. Spinosad ist ein Bodenpilz, der als Pflanzenschutzmittel unter dem EG-Biosiegel erlaubt, bei den Verbänden aber nicht zugelassen ist, weil er zu breit wirksam sei. Auf der Suche nach ökologischen Bekämpfungsmitteln wurde Neem gegen die Kirschfruchtfliege leider erfolglos getestet.

Darüber hinaus wurde ein vielversprechendes Köderverfahren getestet, das mit einem Kombinationsprodukt aus dem Futterlockstoff „combi-protec" und geringsten Mengen eines Insektizides durchgeführt wurde. Dieses wird dank dem Köder durch die Fliegen direkt aufgenommen und sie verenden innerhalb weniger Stunden. Eine vollflächige Ausbringung ist hierbei nicht notwendig, und die Wirkung des Köders beschränkt sich auf den direkten Nahbereich, ohne andere Fruchtfliegen und Nutzinsekten aus der weiteren Umgebung anzulocken. Dieses Verfahren konnte in mehreren Versuchsjahren den Befall durch die Walnussfruchtfliege effektiv und ausreichend reduzieren.

Experten-Kommentar: Dr. Peter Baufeld, Julius-Kühn-Institut

Was tun gegen die Walnussfruchtfliege, Herr Baufeld?

Die Larven leben in der Schale der Walnüssen (*Juglans* spp.). Die Früchte sollten deshalb gesammelt und vernichtet werden. Es sollte auch geprüft werden, ob bereits Früchte des befallenen Baumes kompostiert wurden. Gegebenenfalls ist auch die betroffene Kompostmiete zu vernichten. Zu beachten ist auch, dass Pfirsich (*Prunus persica*) ebenfalls als gelegentlicher Wirt für *Rhagoletis suavis* bekannt ist und bei den Maßnahmen Berücksichtigung finden sollte.

Die Verpuppung und Überwinterung der Fruchtfliegen findet im Boden statt. Durch Spannen von geeigneten Netzen über der Bodenoberfläche im zeitigen Frühjahr kann verhindert werden, dass die Adulten sich weiterverbreiten. Da ein Überleben von Stadien im Boden bis zu vier Jahre möglich ist, muss diese Maßnahme entsprechend lange durchgeführt werden.

Es ist davon auszugehen, dass die Verpuppung nur in den obersten Zentimetern des Bodens stattfindet (grundsätzlich befinden sich Puppen von Fliegen, die im Boden überwintern, immer in den oberen ein bis drei Zentimetern). Ein einmaliges tiefes, wendendes Umgraben, soweit möglich, kann dazu führen, dass die Puppen in tiefere Bodenschichten gelangen und die Adulten nicht mehr schlüpfen können. Auch hierbei muss darauf geachtet werden, dass die Überlebensfähigkeit im Boden bis zu vier Jahre betragen kann.

Ein Monitoring zur Feststellung des Befalls sollte durchgeführt werden. Dies ist wahrscheinlich mit spezifischen Fallen möglich. Ungarische Kairomonfallen (PALz), die auch für die Sonnenblumenfruchtfliege (*Strauzia longipennis*) verwendet werden, sind fängig für drei *Rhagoletis*-Arten (*Rhagoletis completa, Rhagoletis cerasi, Rhagoletis cingulata*). Es ist davon auszugehen, dass mit den Fallen auch *Rhagoletis suavis* überwacht werden kann. In den USA werden die Arten *R. completa* und *R. suavis* mit der gleichen Falle und einem ähnlichen Köder gefangen.

Rhagoletis spp. fliegen nur kurze Distanzen. Es sollte deshalb eine Überwachungszone festgelegt werden, für die die oben erwähnten ungarischen Kairomonfallen verwendet werden können.

Die Anwohner sollten über die Gemeinde und Presse zum Auftreten dieser neuen Fruchtfliegenart und möglichen Bekämpfungsmaßnahmen informiert sowie um Mithilfe gebeten werden.

P. Baufeld, 11.02.2016

Der Apfelwickler *(Carpocapsa pomonella)*

Auch Raupen des Apfelwicklers (*Carpocapsa pomonella* L.) besiedeln die grünen Fruchthüllen. Der Falter legt die Eier an die etwa haselnussgroßen Nüsse ab, wenn deren Schale noch weich ist. Die Larve bohrt sich bis zum Kern vor und zerstört ihn. Sie braucht bei der Walnuss aufgrund des Juglon-Gehaltes allerdings länger, um Gewicht zuzunehmen und sich zu verpuppen, als in der Apfelkultur. Die Larven überwintern in einem Kokon in loser Rinde oder in der Streu nahe dem Stamm und verpuppen sich im frühen Frühling. Der Flug findet zwischen Anfang Mai und Ende September statt, wobei die zweite Generation ab Juli mit der Fruchtfliegenphase zusammenfällt und in Frankreich deshalb mit ihr zusammen bekämpft wird.

Dort existieren auch eine Reihe wirksamer Insektizide zur Bekämpfung, was in Deutschland aufgrund der geringeren Bedeutung nicht der Fall ist. Denn im Gegensatz zu Frankreich und den USA befällt der Schädling hier nur in geringem Maße die Walnuss, weil ihm die bevorzugte Apfelbaukultur großflächig zur Verfügung steht.

Eine Alternative zur chemischen Bekämpfung könnte die Verwirrung mittels Pheromonen darstellen, die auch im deutschen Biolandbau eingesetzt werden dürften, aber noch nicht für die Walnusskultur zugelassen sind.

Abb. 45: Grünrüssler an Walnussblatt

Der **Walnusswickler** (*Carpocapsa amplana* Hbn.) verursacht ähnliche Schäden wie der Apfelwickler und wird ebenso bekämpft. Die Symptome äußern sich aber eher auf dem Blattwerk.

Der **Grünrüssler** (*Phyllobius argentatus/arborator*) macht sich durch starke Blattfraßschäden im Sommer bemerkbar; etwa von Juni bis September fressen sich die Weibchen durch das frische Grün. Sie können zum Beispiel durch Absammeln dezimiert werden.

Der **Haselnussbohrer** (*Balaninus nucum* L.) kommt ebenfalls als Schädling bei der Walnuss vor, ist aber von untergeordneter Bedeutung.

Die **Walnussblattgallmilbe** (*Eriophyes tristriatus* var. *erineus*) ist der Erreger der Filz- und der Pockenkrankheit: Die Unterart *Aceria tristriata* verursacht die Bildung von zwei Millimeter großen, rundlichen, später schwarzbraun gefärbten Blattknötchen mit unregelmäßiger Aushöhlung (Pockenkrankheit).

Die **Walnussfilzgallmilbe** (*Aceria erinea*) erscheint hingegen auch in Form von mit weißem Haarfilz ausgekleideten Blattausstülpungen (Filzkrankheit).

Die Förderung von Raubmilben kann gegen einen Blattgallmilbenbefall nützlich sein, in aller Regel sind die Symptome aber harmlos und können beim Pflanzenschutzmanagement vernachlässigt werden.

Abb. 46: Gallen der *Aceria erinea*

Abb. 47: Symptome der *Aceria tristriata*

Die **Walnusszierlaus** (*Callaphis juglandis*) verursacht Blattrollungen.

Die **Gemeine Napfschildlaus** (*Parthenolecanium corni*) tritt seit einigen Jahren im Rhône-Alpes-Gebiet auf und verursacht einerseits das Absterben von jungen Trieben, andererseits durch die Bildung von Honigtau einen Pilzbefall der Blätter. Nach Untersuchungen der französischen Forschungsanstalt SENURA sterben die Weibchen circa Mitte Mai und die Nachkommen schlüpfen eine Woche später aus den Eiern. Die Larven ernähren sich von den Assimilaten der Blätter. Bei starkem Befall bildet sich auf diesen zunächst ein rußiger Pilz und gegen Ende September durch die Ausscheidungen eine wachsige Schicht, bevor der Zyklus von Neuem beginnt. Laut GUBLER wird die Schildlaus in Frankreich mit einer Mineralölspritzung im März bekämpft.

Fraßschäden

Ein Wildverbiss tritt so gut wie nicht auf, was den gerbstoffhaltigen Pflanzenteilen der Walnuss zu verdanken ist. Hin und wieder wurden durch Kaninchen verursachte Rindenschäden beobachtet. Auch Feld- und Schermäuse interessieren sich glücklicherweise nur in äußerster Hungersnot für die Wurzeln der Walnuss, da die enthaltenen Gerbstoffe den Tieren den Appetit verderben.

Die Gefahr von Schneckenfraß an Jungbäumen wurde in keiner bisherigen Veröffentlichung thematisiert, ist aber aufgrund der eigenen Erhebungen als regional auftretendes Problem festgehalten worden, mit teilweise erheblichen Schäden bis hin zu Totalausfällen.

Fegeschäden

Teils schwere Verletzungen der jungen Rinde verursachen Rehböcke oder Hirsche, die die jungen Walnussbäume von Mai bis Dezember dazu benutzen, durch „Fegen" ihre Geweihhaut abzureiben. Zum Fegen werden nur ganz schwache, daumendicke und niedrige Stämmchen gewählt, ältere Bestände sind daher außer Gefahr. Während Rehböcke dabei den Bodenüberzug aufscharren, ist das bei Hirschen nur selten der Fall.

Abb. 48: Fegeschaden und Schneckenenfraß

Abb. 49: Gefegtes Stämmchen

Es werden bevorzugt die selten im Revier vorkommenden Holzarten gewählt, oft Edellaubhölzer, deren Harz ihnen besonders angenehm zu sein scheint. Diese Vorliebe macht die Walnuss zu einer grundlegend fegegefährdeten Baumart. Durch die Einzäunung des Geländes oder einen Einzelbaumschutz in Form von Schutzmanschetten oder Kaninchendraht sollte dem Fegen unbedingt vorgebeugt werden.

Praktiker-Tipp:
Die billigen, meist weißen Plastikmanschetten sind ihr Geld nicht wert und machen oft nur Ärger, weil sie nicht sehr beständig sind und sich nach und nach auf den Flächen verteilen. Handelsüblicher Kaninchendraht ist zwar aufwendiger in der Anbringung, erfüllt aber seinen Zweck und ist weitaus kostengünstiger.

Nussdiebe

Leidenschaftliche Nussfresser sind Krähen, Eichelhäher, Elstern und Eichhörnchen, die besonders in der Nähe von Wäldern und Hecken erhebliche Verluste verursachen können.

Abb. 50: Krähe als klassischer Nussräuber

Hier ist eine gewisse Vorbeugung durch die Sortenwahl möglich: Je später im Jahr die Nüsse reif werden, desto größer ist die Gefahr, dass die Tiere sie für ihren Wintervorrat sammeln. Eine regelmäßige und tageszeitlich möglichst frühe Ernte kann ebenfalls helfen, Krähen und Eichhörnchen zuvorzukommen.

Früher wurde auch die strikte Dezimierung durch Abschuss empfohlen. Aber Achtung: Für manche Arten sind hierfür Ausnahmegenehmigungen der Naturschutzbehörde einzuholen (siehe Fenster)!

Nicht zu unterschätzen ist auch dreister Diebstahl durch die menschliche Spezies, der besonders in Stadtnähe regelmäßig Ärger bereiten kann. Hohe Zäune können hier zumindest abschreckend wirken, aber eine regelmäßige Präsenz in der Erntezeit wird wohl für die meisten Anlagenbesitzer unerlässlich sein.

Zusatzwissen:

In Deutschland können (wie in allen EU-Mitgliedstaaten) seit 1994 für die Arten Eichelhäher (*Garrulus glandarius*), Elster (*Pica pica*) und Aaskrähe (*Corvus corone*) Jagdzeiten erlassen werden. Im Gegensatz zu anderen EU-Mitgliedstaaten hat Deutschland von dieser Möglichkeit bislang bundesgesetzlich keinen Gebrauch gemacht.

Die drei Arten unterliegen damit in Deutschland nach wie vor dem Naturschutz- und nicht dem Jagdrecht. Die Naturschutzbehörden können aber gemäß Artikel 9 der EG-Vogelschutzrichtlinie und Paragraf 43, Absatz 8 des Bundesnaturschutzgesetzes (BNatSchG) „zur Abwendung erheblicher land-, forst-, fischerei-, wasser- und sonstiger gemeinwirtschaftlicher Schäden" sowie „zum Schutz der heimischen Tier- und Pflanzenwelt" und für „Zwecke der Forschung, Lehre, Zucht ..." Ausnahmen zum Abschuss oder Fang zulassen.

Quelle: https://www.nabu.de/tiere-und-pflanzen/voegel/artenschutz/rabenvoegel/00520.html

Abiotische Schadursachen

Frostrisse und Sonnenbrand

Abb. 51: Frostriss an erwachsenem Baum

Eine große Gefahr geht von Frostrissen und -platten aus, die zwar bei guter Wundpflege und günstiger Witterung wieder verheilen, die Leistung des Baumes aber erheblich schwächen können. Durch die offene Rinde kann es zudem leicht zu einem Pilz- oder Insektenbefall kommen.

Eine noch nicht näher erforschte Methode ist die Verwendung von „grünen Tüten", die auf die Bäumchen gezogen werden. Hierdurch sollen die jungen Schösslinge besser ausholzen können vor der Kälteperiode. Zum Teil werden auch Schilfmatten zum Frostschutz eingesetzt.

Bei der Pflanzung wird wegen der Ausfallgefahr generell von zu jungen Veredlungen abgeraten, zweijährige Heister seien robuster und könnten erste tiefe Winterfröste besser verkraften.

Abb. 52: Frostschaden an jungem Baum

Bei plötzlicher starker Sonneneinstrahlung nach einem kalten Winter kann es zu ähnlichen Rissen in Form von „Sonnenbrand" an der Südwestseite der Stämme kommen. Ein Sonnenschutz mittels einer Schilfrohrmatte oder Stammschutzfarbe verhindert diese Reaktion. Ebenso wird durch das Setzen des Pflanzstabes auf die Südseite des Baumes die zu frühe Erwärmung verhindert.

Blütenfrostverlust

In der Praxis weiß man, dass es gegen Spätfröste keine wirksamen Schutzmöglichkeiten gibt. Selbst in Betrieben, wo zum Frostschutz eine Unterkronenberegnung während der Blüte durchgeführt wird, werden in manchen Jahren Verluste von mindestens 50 Prozent verzeichnet.

Windschutzhecken können eine Risikominimierung darstellen; zusammen mit der richtigen Sortenwahl kann so Ernteausfällen zumindest vorgebeugt werden.

Mangelhafte Schalenentwicklung

In kühlen, nassen Jahren weisen die Nüsse zahlreicher Sorten, namentlich derer, die besonders dünnschalig sind, eine mangelhafte Schalenentwicklung auf. Diese Erscheinung ist auf Wärmemangel und/oder Schwierigkeiten in der Erzeugung von Assimilaten zurückzuführen. Die Sorten ´Jupiter´ oder ´Weinsberg 1´ zum Beispiel schließen in sehr feuchten Jahren nicht richtig, haben Löcher und werden daher von Kleinnagern bevorzugt. Zudem verpilzt der Kern um ein Vielfaches schneller als bei geschlossenen Exemplaren.

Abb. 53: „Grüne Tüte" zum Frostschutz

Wind- und Hagelschäden

Hagelschäden können den Verlust einer ganzen Ernte bewirken, die einzelnen Sorten sind aber unterschiedlich empfindlich. Zudem ist das Holz der Walnuss relativ anfällig für Windbruchschäden, weshalb windexponierte Lagen für den Anbau als ungeeignet gelten.

Wirtschaften mit der Walnuss

Wie soll man nun herangehen an die Planung einer Ertragsanlage für Walnüsse? Ist das Ganze denn überhaupt finanzierbar und über die lange Standzeit tragfähig?

In den letzten 50 Jahren wurden nur wenige Daten zur Wirtschaftlichkeit des Walnussanbaus in Deutschland erhoben. Für meine Recherchen lagen mir drei studentischen Arbeiten sowie die Ergebnisse der Staatlichen Lehr- und Versuchsanstalt für Wein- und Obstbau Weinsberg vor, aus denen ich mir einen Überblick verschaffen und erste Kalkulationswerte ermitteln konnte. Die Abschlussarbeiten stammen von 1986 (JANSEN), 1988 (GUHDE) und 2013 (GUBLER). Die Erfassungen in Weinsberg wurden 2011 veröffentlicht. Bei allen Erhebungen handelte es sich um Berechnungen für die konventionelle Landwirtschaft, da bislang keine Daten für den Ökolandbau vorlagen und -liegen.

Kurz zusammengefasst, kommen alle zu dem Ergebnis, dass eine Walnussanlage einen vergleichsweise geringen Arbeitskraftaufwand erfordere, ein wirtschaftlicher Erfolg aber unter den bestehenden Umständen (kleine Sortenauswahl, unbefriedigende Forschungsbestrebungen) nicht zu erwarten sei. Die Walnuss eigne sich aber gut als Ergänzungskultur im Obstbau für ertragsschwache Standorte und Restflächen. Zudem müsse der Mehrwert einer regionalen Erzeugung vor dem Hintergrund der steigenden Nachfrage nach Nüssen besser ausgenutzt und kommuniziert werden.

„Dementsprechend ist eine relative Vorzüglichkeit dem Pflanzen von Walnußbäumen in solchen Betrieben zuzuordnen, in denen nicht die nutzbare Fläche, sondern die verfügbaren Arbeitskräfte den begrenzenden Faktor darstellen."
ANNETTE GUHDE, 1988, in: „Der Walnussanbau in Baden-Württemberg"

Ich stimme dieser Auffassung grundlegend zu, habe aber durch meine Untersuchungen über die Bundesgrenzen hinaus die erhebliche Vielzahl an Walnusssorten und die langjährige Forschung in Ländern wie Frankreich, Ungarn und der Schweiz mit erfassen können und sehe in diesen fortschrittlichen Erkenntnissen ein großes Potenzial für Deutschland. Die dort generierten Zucht- und Pflanzenschutzerfolge können für uns eine wegweisende Funktion einnehmen und sollten unbedingt für neue Studien in Deutschland herangezogen werden.

Nachfrage- und Preisentwicklung

Wie schon im Kapitel „Weltweite Produktion und Handel" auf Seite 19 ausgeführt, hat sich bei der Nachfrage nach Walnüssen in Deutschland in den letzten Jahren ein klarer Aufwärtstrend abgezeichnet. Die Importmengen sprechen eine eindeutige Sprache und spiegeln den zunehmenden Konsum von Walnüssen (vor allem im verarbeitenden Bereich) wider:

Tabelle 11: Entwicklung der Importmengen von Walnüssen in Deutschland

	2011	2010	2005	2001
Walnüsse in der Schale	11.259 t	12.796 t	11.975 t	9.875 t
• Stammen zu mehr als 50 % aus den USA; weitere Lieferanten sind Frankreich, Ungarn, Chile und Italien. Höchste Einfuhren Oktober bis Januar.				
Walnüsse ohne Schale	17.748 t	13.668 t	9.583 t	6.563 t
• Vor allem aus den USA, Chile, Moldawien, Frankreich, Ukraine und Italien. Schwerpunkt der Einfuhren November bis Januar.				

Leider schwanken die Preise für Walnüsse wie für andere landwirtschaftliche Produkte oft erheblich. Grund sind schlicht die unterschiedlich üppig oder schwach ausfallenden Ernten, manchmal Exportbeschränkungen in den Erzeugerländern oder andere politische Restriktionen. Auch regional kann es immense Unterschiede in der Preisgestaltung dem Endkunden gegenüber geben: Trockennüsse werden in Norddeutschland für 1,50–2,20 Euro pro Kilo an den Großhandel abgegeben, in Süddeutschland für 2,80 Euro pro Kilo (28–32 Millimeter) beziehungsweise 3,50 Euro pro Kilo (größer als 32 Millimeter).

Meine Erfassungen berufen sich auf drei Jahre, die Ernten 2013 bis 2015. Die Erhebung fand in Berlin statt und bezog sich aufgrund meiner Fachrichtung auf ökologisch produzierte Walnüsse und Walnussprodukte. Das sollte aber keinen „nicht-bio“-produzierenden Walnussbauern davon abhalten, mit diesen Zahlen zu rechnen. Denn tatsächlich ist die Kaufentscheidung bei vielen Verbrauchern inzwischen viel mehr von der Herkunft und Regionalität des Produktes abhängig, als von den Produktionsbedingungen, unter denen es hergestellt wurde.

Das soll heißen, dass wir dem kaufkräftigen Kunden, den wir erreichen wollen, unser Alleinstellungsmerkmal „Walnüsse aus der Region“ dick aufs Brot schmieren müssen. Es hilft nichts, unter großem Kapital- und Energieaufwand eine einheimische Walnussproduktion zu reetablieren, um sich dann an den Preisen von Großerzeugerländern wie Frankreich, Moldawien oder eben Kalifornien zu orientieren! Diese Länder haben ein weit höheres Know-how, über Jahrzehnte getestete und optimierte Produktionsverfahren sowie ein breites Forschungs-Produzenten-Handels-Netzwerk, das alle Synergien voll ausnutzt und somit viele Kosten spart. Von diesem Punkt ist die deutsche Walnussbranche noch weit entfernt, weshalb ein Preisvergleich hier nicht sinnvoll und im Grunde unfair ist. Stattdessen können wir mit lokaler Identität Vertrauen erwecken und mit viel Transparenz für die Qualität unserer Produkte einstehen. Dieser Mehrwert rechtfertigt und erfordert auch einen höheren Preis.

Biowalnüsse in der Schale

Laut Angaben von verschiedenen Biobetrieben vergütet der Naturkostgroßhandel das Kilo Biowalnüsse mit 3,50–4,50 Euro; Bioschälnüsse erzielen hier Preise von bis zu acht Euro pro Kilo.

Für die Direktvermarktung kann man über die Preisbeobachtung in Berliner Natur- und Feinkostgeschäften einen Endverbraucherpreis von 10–13 Euro pro Kilo beziffern.

Die Einkaufspreise des Naturkostfachhandels sind im Grunde die interessantesten, denn jeder Bioladen freut sich normalerweise über den Direktbezug vom Bauern aus der Region, weil er damit ein Alleinstellungsmerkmal gegenüber der Konkurrenz generieren kann:

Tabelle 12: Entwicklung der Einkaufspreise des LEH beim Großhändler (Bio) in 2014

EG-Bio	**KW 3**	**KW 6**	**KW 41**	**KW 42**	**KW 46**	**KW 48**
2014	5,99 €	5,98 €	6,05 €	5,98 €	5,95 €	5,85 €

Diese Angaben können bei Verkaufsverhandlungen als grobe Orientierung dienlich sein. Allerdings schwanken die Angebotspreise von Jahr zu Jahr, je nachdem, wie die ausländischen Ernten ausgefallen sind.

Biowalnusshälften

Walnusskerne können für den Endkonsumenten in kleinen Mengen verpackt oder für die Verarbeitung in größeren Chargen erworben werden.

Ich habe ein Beispiel für die Wertschöpfungskette moldawischer Walnusskerne recherchiert, leider ohne dass ich an die Angaben von Erzeugerpreisen herangekommen wäre:

- Eine österreichische Verpackungsfirma kauft die Kerne für zehn Euro pro Kilo von einer moldawischen Exportfirma und verpackt sie nach Vorgaben ihrer deutschen Kunden.
- Diese bieten die Walnusshälften dann in 100-Gramm-/150-Gramm-Packungen für etwa 13 Euro pro Kilo unter ihrem Namen den Großhändlern in Berlin an.
- Der Einzelhandel schließlich kauft sie für 15–24 Euro pro Kilo vom Großhändler.
- Der Endkunde kann sie dann für etwa 30 Euro pro Kilo im Geschäft erwerben.

Imkereien und Vertreter des Lebensmittelhandwerks kaufen die Walnusshälften in Großabpackungen von Importfirmen für acht bis elf Euro pro Kilo, während diese sie für 6,50–9,50 Euro pro Kilo zum Beispiel aus Ungarn oder Moldavien einführen.

Biowalnussbruch

Ähnlich wie bei den Walnusshälften verhält es sich beim Walnussbruch (siehe Tabelle 3), nur dass die kleinen Stücke sich in der Feinkostherstellung meist einfacher verarbeiten lassen. So zahlen zum Beispiel Pesto- und Pasta-Manufakturen sechs bis neun Euro pro Kilo bei Liefereinheiten von 10- bis 20-Kilo-Gebinden von Handelsgesellschaften, die sie selbst für 5,50–8,50 Euro pro Kilo im Ausland einkaufen. Es wird zwischen hellem und dunklem Walnussbruch unterschieden. Heller Walnussbruch in Großgebinden kostet den Verarbeiter zwischen zehn und zwölf Euro pro Kilo.

Tabelle 13: Einkaufspreise für Walnussprodukte in der Wertschöpfungskette

Einkaufspreis:	Verpacker	Großhandel	LEH	Konsument
Walnusshälften	**10 €/kg**	**13 €/kg**	**15 - 25 €/kg**	**30 €/kg**
Walnussbruch	**7 €/kg**	**10 €/kg**	**14 - 16 €/kg**	**23 €/kg**

Abb. 54: Angebote für Walnussöl verschiedener Hersteller

Biowalnussöl

Biowalnussöl wird vom LEH für 3,40 Euro beziehungsweise 3,90 Euro (geröstet) pro 100 Milliliter beim Großhandel eingekauft. Der Endverbraucherpreis liegt bei etwa 4,40 Euro pro 100 Milliliter (Moldawien, 2013).

Diese Preise sind nach meinen Beobachtungen in den letzten Jahren deutlich gestiegen. 100 Milliliter Walnussöl habe ich auf Märkten inzwischen schon für acht Euro angeboten bekommen; im Naturkosthandel habe ich sie zuletzt (August 2016) für 6,95 Euro gesehen.

Rentabilitätsaufstellung

Anhand von drei fiktiven Betriebsbeispielen habe ich meine Erfahrungen aus den Begegnungen mit Betriebsleitern und den Recherchen im Ausland in die folgenden Kalkulationen einfließen lassen. Diese sollen eine erste grobe Einschätzung der betriebswirtschaftlichen Möglichkeiten im Walnussanbau ermöglichen. Die drei Planungsbeispiele sind beliebig umstrukturier- und erweiterbar und gehen von einer ökologischen Bewirtschaftung unter Brandenburger Verhältnissen aus:

Betrieb A ist ein mittelgroßes Unternehmen mit Schäl- und Trockennussdirektabsatz, technisierter Ernte, Wäsche und Sortierung. Die Preise werden auf Berliner beziehungsweise Hamburger Niveau angesetzt.
Betrieb B ist ein Großbetrieb mit Erntetechnik, Waschstraße und Verarbeitungslinie zur Produktion von Walnusshälften und Walnussbruch. Die Preise richten sich nach den Angaben der befragten Berliner Verarbeiter und Händler.
Betrieb C hat einen Walnusshain, bei dem die Trockennussernte vollständig zu Öl verpresst und abgefüllt wird. Neben der Ernte- und Nacherntetechnik wurde hier zusätzlich eine kleine Ölpresse angeschafft. Die Preise richten sich nach den Angaben der Interviewpartner in Stuttgart und Berlin.

Ich habe für die hier aufgeführten Kalkulationen die geringstenfalls benötigte Fläche der jeweiligen Produktionsausrichtung berechnet. Ich wollte wissen, welche Hektarzahlen mindestens benötigt werden, um den Betrieb auf seine Gesamtlaufzeit ohne Verluste anlegen zu können. Hierfür habe ich zunächst alle Kosten und Einnahmen auf eine angenommene Gesamtlaufzeit von 55 Jahren gerechnet. Im Anschluss wurden die nötigen Mindeststartinvestitionen (bezogen auf die errechnete Mindesthektarzahl) zum Aufbau dieser Walnussanlagen ermittelt. Das Vorhandensein von Wirtschaftsflächen wurde vorausgesetzt, den Bodenkauf habe ich nicht einkalkuliert.

Generelle Annahmen

Den Brandenburger Bedingungen entsprechend wurde ein wenig leistungsstarker Boden unter eher trockenen Verhältnissen vorausgesetzt. Spätfrostausfälle habe ich mit einem Rhythmus von sieben Jahren eingerechnet. Der Anbau erfolgt in den Beispielen nach ökologischen Richtlinien und ich habe mit den aus den bisherigen Erhebungen hervorgehenden niedrigsten Ertragsleistungen von 15 Kilo pro Baum gerechnet.

Es wurden Baumabstände von 15 mal 15 Meter gewählt (45 Bäume pro Hektar) und die Ertragsphasen in Nullertrag (bis fünftes Jahr), Zunehmender Ertrag (fünftes bis zwölftes Jahr), Vollertrag (12. bis 50. Jahr) und Abnehmender Ertrag (50. bis 55. Jahr) unterteilt. Das Pflanzjahr und das Jahr der Holzernte werden separat aufgeführt.

Die Sorten und Unterlagen wurden passend zu den Vermarktungs- und Verarbeitungsansprüchen der Betriebe ausgewählt und weisen durchgängig eine erhöhte Ertragsrobustheit gegenüber schwachen Standorten auf.

Kosten

Für die Kostenkalkulation mussten viele Faktoren geschätzt werden, vor allem der Arbeitszeitaufwand und die Betriebskosten.

Es wurde mit Lohnkosten von 17,50 Euro pro Stunde gerechnet. Die veredelten Jungpflanzen kosten in unserem Beispiel 20 Euro pro Stück, die Pfähle sieben Euro pro Stück und die Manschetten vier Euro pro Stück. Zur Bodenverbesserung sollten jährlich 15 Tonnen pro Hektar Biomist ausgebracht werden für 10 Euro pro Tonne.

Als organischen Direktdünger haben wir Vinasse gewählt. Um 60 Kilo Stickstoff pro Jahr auszubringen, sind 1.700 Kilo Vinasse pro Hektar notwendig, die etwa 115 Euro pro Hektar (= 1,90 Euro pro Kilo Stickstoff) an Kosten verursachen. Es soll jährlich eine Tonne pro Hektar kohlensaurer Magnesiumkalk für 25 Euro pro Tonne ausgebracht werden.

Für die Betriebskosten der Nachernte- und Verarbeitungstechnik werden branchentypische Verbrauchswerte übernommen.

Der Arbeitszeitaufwand in der Anlage wird für alle drei Beispiele wie folgt angenommen:

Tabelle 14: Geschätzter Arbeitsaufwand je Hektar in verschiedenen Phasen des Walnussbaus

Erforderliche Arbeitskraftstunden (AKh) je ha				
	Pflanzjahr	**Nullertrag**	**Zunehmend**	**Vollertrag**
Pflanzung	20	0	0	0
Vermessung/Erstellung	5	0	0	0
Nachpflanzung	10	3	0	0
Bodenproben	0	1	1	1
Baumscheibenbearbeitung (mech.)	0	0	0	0
Baumscheibenbearbeitung (Hand)	20	20	0	0
Einsaat/Fahrgasse	0	0	0	0
Bewässern	10	10	0	0
Erziehung/Schnitt	0	10	10	5
Binden	5	0	0	0
Düngung	0	2	2	2
Mahd	2	2	2	2
Schädlingskontrolle	0	1	1	1
Pflanzenschutz	0	1	1	2
Wildabwehr	10	0	0	0
Instandhaltung Gerüst/Zaun	0	2	2	2
Ernte/Verlesen/Trocknen	0	0	2	2
Transport	0	0	1	1
Administration	2	2	3	3
Sonstiges	5	5	5	5
Summe Akh/ha	89	59	30	26

Für die Holzernte habe ich einen Arbeitszeitaufwand von 22 Arbeitskraftstunden pro Hektar angenommen.

Der zusätzliche Arbeitszeitaufwand für das Knacken in Betrieb B wurde bei einer Knackleistung von 80 Kilo pro Stunde mit 20,07 Arbeitskraftstunden pro Hektar berechnet.

Für das Knacken, Pressen und Abfüllen des Öls in Betrieb C wurden 41,89 Arbeitskraftstunden pro Hektar veranschlagt, bei derselben Knackleistung und einer Pressleistung von elf Kilo pro Stunde. Die Fläschchen für die Abfüllung kosten geschätzt 0,40 Euro pro 100 Milliliter.

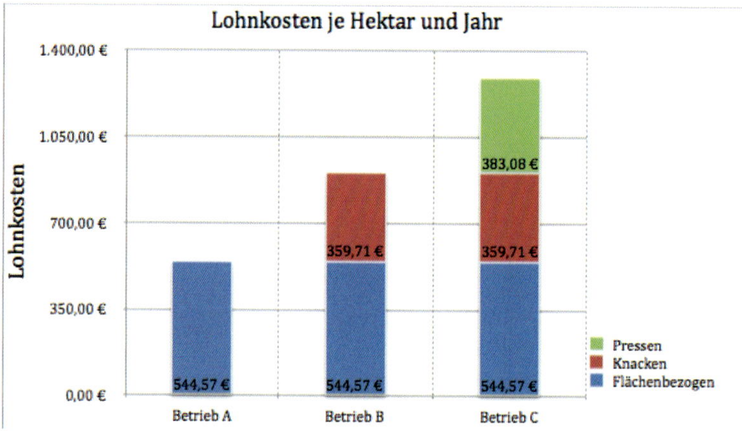

Abb. 55: Flächenbezogene Lohnkosten – Mittelwert auf 55 Jahre

Da diese Kalkulation auf wenigen Daten basiert, wurde bei der Berechnung der Ausgaben ein zusätzlicher Kostenpunkt in Höhe von 100 Euro pro Hektar generiert, um schlecht kalkulierbare Ausgaben abzufangen.

Die Technikkosten habe ich persönlichen Mitteilungen spezialisierter Hersteller entnommen und mit einer Abschreibungsdauer von zehn Jahren kalkuliert. Dies bedeutet, dass über die gesamte Anlagenlaufzeit die Technik fünfmal erneuert wird. Hierbei kann man davon ausgehen, dass die Rechnung sehr pessimistisch ist, da zumindest Teile der Technik länger als zehn Jahre halten würden. Da es aber – wie auch bei anderen Annahmen – nur wenige Erfahrungswerte in diesem Bereich gibt, habe ich bei meiner Rechnung lieber den schlechtesten Fall angenommen.

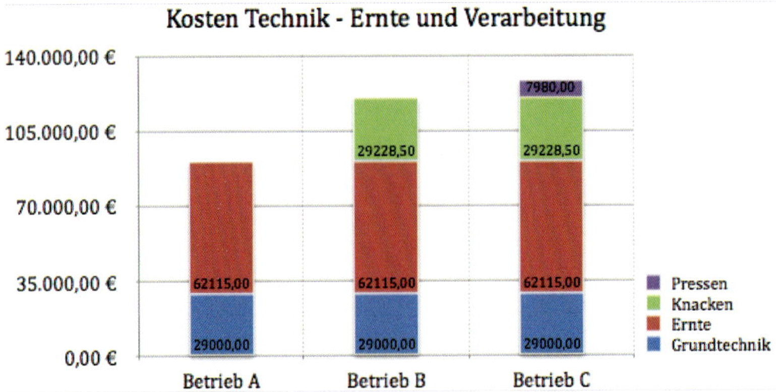

Abb. 56: Technikkosten für einen Abschreibungszeitraum (zehn Jahre)

Einnahmen

Das Ertragsniveau wurde bei allen drei Betrieben mit einem langjährigen Mindestertrag von 15 Kilo pro Baum und Jahr angenommen. Außerdem habe ich alle sieben Jahre einen Totalausfall der Ernte wegen Spätfrösten einkalkuliert sowie eine Flächenförderung für Dauerkulturen von 600 Euro pro Hektar und Jahr angenommen.

Tabelle 15: Angenommene Ertragswerte und Preise

	A: Tafelnuss	B: Walnusskerne	C: Öl
Baumzahl	45	45	45
Zunehmender Ertrag (7 Jahre)	7 kg/Baum	7 kg/Baum	7 kg/Baum
Vollertrag (38 Jahre)	15 kg/Baum	15 kg/Baum	15 kg/Baum
Abnehmender Ertrag (5 Jahre)	7 kg/Baum	7 kg/Baum	7 kg/Baum
Hektarerträge auf 50 Jahre verteilt	588,6 kg/ha/Jahr	588,6 kg/ha/Jahr	588,6 kg/ha/Jahr
Preise	Schälnüsse (50 %): 7,00 €/kg Trockennüsse (50 %): 6,00 €/kg	Preis Kerne (50 %): 18,00 €/kg Preis Bruchstücke (50 %): 14,00 €/kg	Preis Biowalnussöl: 38,00 €/l
Bemerkungen	Anteil an Tafelnüssen: 80 %	Ausschuss: 10 %	Ausschuss: 10 %

Die Nüsse werden bei **Betrieb A** zu 50 Prozent als Frischnüsse und zu 50 Prozent als Trockennüsse abgesetzt. 80 Prozent der Ernte sind in dieser Weise vermarktungsfähig (= Tafelnüsse), die übrigen (zu kleinen) 20 Prozent gehen für die Hälfte des Trockennusspreises in die Verarbeitung oder Tierfütterung.

Bei der Produktion von Walnusskernen fallen in **Betrieb B** zehn Prozent Ausschuss an, die in die Tierfütterung gehen. Von den geknackten Nüssen gehen 50 Prozent als Walnussbruch hervor, der zu einem etwas geringeren Preis als die Walnusshälften verkauft wird.

Für **Betrieb C** wurde mit einem Kernanteil von 45 Prozent gerechnet. Für einen Liter Walnussöl habe ich daher zwei Kilo Walnusskerne einkalkuliert. Den Preis für das Nebenprodukt der Ölpressung, den Presskuchen, habe ich mit 0,15 Euro pro Kilo bei Abgabe in die Futtermittelproduktion geschätzt. Von einem Kilo Walnusskerne bleiben nach der Pressung etwa 300 Gramm Ölkuchen übrig.

Bei einem zu erwartenden Durchmesser von 40 Zentimetern, einem Umfang von 125 Zentimetern und einer Blochlänge von 2,50 Metern ergeben sich 0,30 Festmeter pro Baum. Wird ein durchaus plausibler Verkaufspreis von 700 Euro pro Festmeter angenommen, können in allen drei Fällen 200 Euro pro Baum bei der Holzernte anfallen.

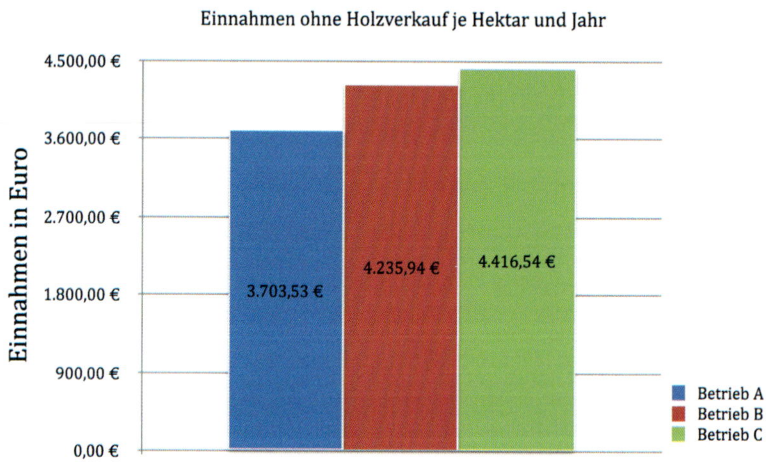

Abb. 57: Betriebseinnahmen, Mittelwert auf 55 Jahre

Kalkulation

Nach der dargestellten Kosten-Einnahmen-Situation würde auf 55 Jahre gerechnet **Betrieb A** mindestens 3,70 Hektar Fläche benötigen, um keine roten Zahlen zu schreiben. Bei **Betrieb B** läge die Mindestgröße bei 4,68 Hektar und bei **Betrieb C** bei 6,83 Hektar.

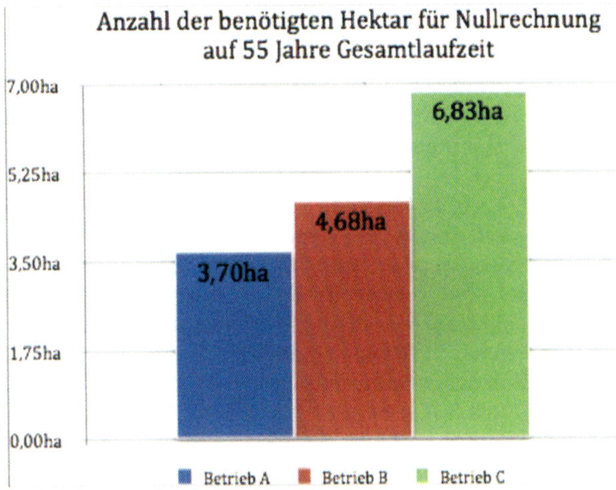

Abb. 58: Berechnete Mindestfläche auf 55 Jahre

Im Bezug auf diese Mindestgrößen müssten, um den Betrieb überhaupt anzulegen, in Betrieb A 9.096,35 Euro, in Betrieb B 11.517 Euro und in Betrieb C 16.805,93 Euro an Startinvestitionen erbracht werden. Hierbei wird eine technische Grundausstattung vorausgesetzt; diese müsste gegebenenfalls jeweils mit 29.000 Euro hinzuaddiert werden.

Die Ausgaben in den ersten fünf Jahren beliefen sich dann bei Betrieb A auf 25.444,35 Euro, bei Betrieb B auf 32.215,41 Euro und bei Betrieb C auf 47.009,61 Euro. Diese Kosten ergeben sich für die Pflanzung/Düngung im ersten Jahr und die Pflege der Bäume und der Fläche in den nachfolgenden vier Jahren.

Diese Werte sind deshalb von Bedeutung, da sie die Summe an Eigenkapital darstellen, die vor dem Einsetzen der Ertragsphase generiert werden muss. Allerdings sind die Materialkosten der ersten Jahre mit rund 41 Prozent der oben genannten Summen der kleinere Teil. Ihnen gegenüber stehen 59 Prozent der Ausgaben in den ersten fünf Jahren, die durch die Lohnkosten entstehen, die ich mit 17,50 Euro pro Stunde für die Baum- und Grünlandpflege veranschlagt hatte. Da aber die meisten Anlagenbetreiber diese Arbeit in Eigenleistung erbringen, lässt sich die Gesamtsumme wiederum relativiert betrachten.

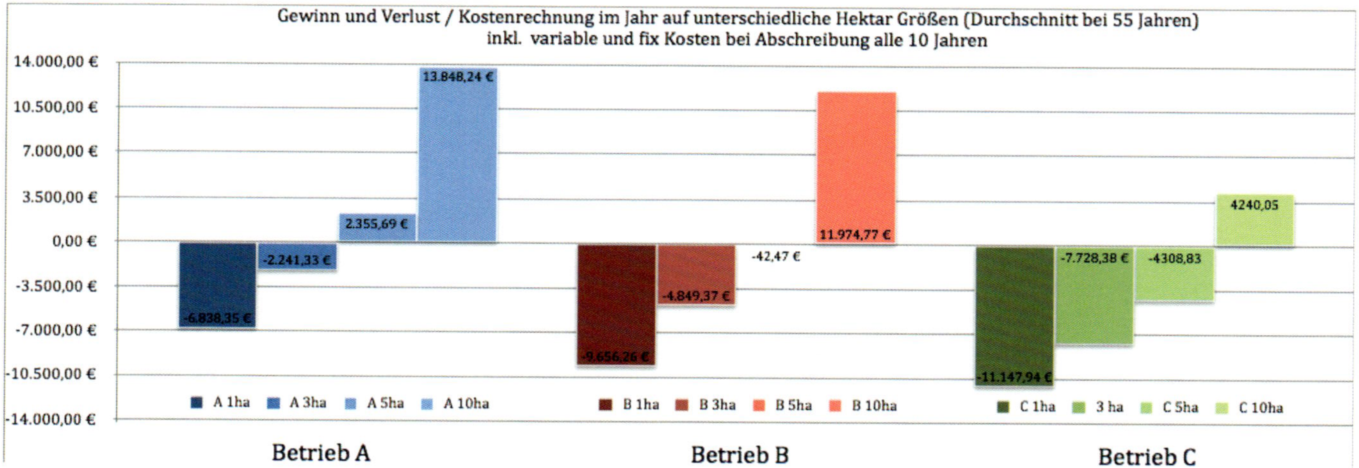

Abb. 59: Darstellung der Betriebsergebnisse bei unterschiedlichen Flächengrößen

Fazit

Die Erhebung zeigt, dass sich die Walnussproduktion (egal in welcher Form) erst nach mehreren Jahren, nämlich wenn sie in die Ertragsphase übergeht, rechnet. Die vorherigen Kosten müssen querfinanziert werden und Investitionen für Pflanzung und Pflege in den ersten Jahren über ein anderes Einkommen abgeschrieben werden. Der Arbeitszeitaufwand in der Walnusskultur ist aber sehr gering, sodass ein Zweiteinkommen leicht generiert werden kann.

Für den Erwerb von Ernte- und Verarbeitungsmaschinen wiederum ist der Finanzierungsweg über eine Bank realistisch, da diese erst mit Eintritt der Erträge angeschafft und daher vom ersten Jahr an abbezahlt werden können.

Die vorliegende Rentabilitätsaufstellung unterstreicht die Behauptung, dass unter Berücksichtigung von geeigneten Sorten, einer angepassten Anlagegestaltung und achtsamen Pflege der Anlage standörtliche Nachteile ausgeglichen und langfristig zufriedenstellende Betriebsergebnisse erzielt werden können. Im Bezug auf die anfangs dargelegten Untersuchungen gebe ich den Verfassern recht, dass es noch einiger Umstrukturierungs- und Anpassungsmaßnahmen bedarf (in der Forschung, im Handel, bei der Kommunikation und so weiter), um eine optimierte Walnussproduktion in Deutschland zu ermöglichen. Mit dem wachsenden Interesse an regionalen landwirtschaftlichen Erzeugnissen, einer neuen Wertschätzung von guten Lebensmitteln im Allgemeinen und einer steigenden Nachfrage nach Walnüssen im Einzelnen sehe ich hier aber gerade im städtischen Raum ein großes Potenzial für zukünftige Märkte und Produzenten.

Tabelle 16: Einfache Berechnung der Mindesthektaranzahl für einen Ausgleich von Kosten und Einnahmen auf 55 Jahre

	A	B	C
Einnahmen in €			
Einnahmen Ertrag ha/Jahr bei 55 Jahren	3.703,53	4.235,94	4.416,54
Holzeinnahmen in €/ha/Jahr bei 55 Jahren	171,82	171,82	171,82
Gesamteinnahmen ha/Jahr bei 55 Jahren	3.875,35	4.407,76	4.588,35
Flächenausgaben in €			
Kalk/Dünger/Mist €/ha/Jahr	290,00	290,00	290,00
Gesamtenergie €/ha/Jahr anteilig bei 55 Jahren	170,91	170,91	170,91
Lohnkosten gesamt €/ha/Jahr auf 55 Jahre + Verarbeitung	544,57	904,28	1.755,56
Flächenausgaben €/ ha/Jahr	1.005,48	1.365,19	2.216,47
Einnahme Verluste/Ausfall in €			
Einnahmeverlust alle 7 Jahre Totalausfall gesamt	25.924,69	29.651,60	30.915,75
Einnahmeverlust alle 7 Jahre Totalausfall auf 55 Jahre verteilt	471,36	539,12	562,10
Kosten für nicht berechenbare Ausgaben €/ ha/Jahr	100,00	100,00	100,00
Einnahmen nach Flächenausgaben €/ha/ Jahr inkl. Totalausfall	2.298,51	2.403,45	1.709,78
Pflanzung/Technik			
Pflanzung je ha auf 55 Jahre	25,36	25,36	25,36
Ausgaben Technik im Jahr bei 55 Jahren	9.111,50	12.034,35	12.832,35
Ausgaben gesamt Technik/Pflanzung €/Jahr	9.136,86	12.059,71	12.857,71
Anzahl der benötigten ha für Nullrechnung auf 55 Jahre Gesamtlaufzeit	3,70	4,68	6,83

Alternative Betriebsformen

Die Einnahmen einer Walnussanlage hängen von sehr vielen Standort- und Marktfaktoren ab. Je nach Boden-, Wasser- und Temperaturverhältnissen sowie den örtlichen Handelsstrukturen können sowohl die Ertragswerte als auch die Erzeugerpreise um ein Vielfaches höher (oder niedriger) liegen, als hier angenommen. Die Wahl von engeren Baumabständen kann den Hektarertrag besonders in den früheren Ertragsjahren deutlich anheben, könnte in späteren Standjahren aber zu rückläufigen Ertragszahlen führen.

Auch die Vermarktungs- und Produktform nehmen Einfluss auf das Betriebsergebnis, so sind zum Beispiel jegliche Kombinationsmöglichkeiten zwischen der Tafelnuss-, der Kern- und der Ölproduktion möglich und augenscheinlich sinnvoll. Zur besseren Ausnutzung der Ernte könnten zudem auch Absatzwege für die holzigen Walnussschalen, die bei knackenden Betrieben anfallen, gesucht werden. Den Ölpresskuchen (von dem hier angenommen wurde, ihn in die Tierfütterung zu geben) könnte man unter gegebenen Umständen ebenso als Walnussmehl oder -chips im Lebensmittelsektor zu höheren Preisen absetzen. Auch eine weitere Verarbeitungslinie für die Herstellung von Walnusslikör und „Pfälzer Trüffel" wäre eine möglicherweise lohnende Investition.

Variationsmöglichkeiten sind auch bei den Ausgaben auszumachen. Die technische Grundausstattung ist zum Beispiel bei vielen Betrieben bereits vorhanden. Einige Kosten wie der Dieselverbrauch, Versicherungen und Reparaturen konnten im Rahmen dieser Arbeit nicht erhoben und verrechnet werden. Ebenso konnten keine Daten zum Preis und Installationsaufwand einer Bewässerungsanlage eruiert werden, sodass diese Investition außen vor blieb. Bei der Wahl der Technikausstattung, den Arbeits- und Betriebs- sowie Pachtkosten wären weitere Variablen zu finden.

Aufwendungen, die im Vorfeld und in den ersten fünf Jahren der laufenden Anlage erbracht werden müssen, sind von besonderer Bedeutung, da diese aus Eigenmitteln oder einem Privatdarlehen finanziert werden müssen. Eine Möglichkeit, vor dem Eintritt der Ertragsphase der Walnüsse Einkünfte zu generieren, sind weitere Kulturen im Betrieb oder gar auf denselben Flächen. Die überschaubaren erforderlichen Arbeitszeitstunden im Walnussanbau ließen derartige Ergänzungen in den ersten fünf bis zehn Jahren eindeutig zu.

Zu möglichen Formen des Zwischenanbaus sind im Kapitel „Anlageplanung" auf Seite 49 entsprechende Beispiele aufgeführt.

Voraussetzungen für eine nussige Zukunft

Bessere Verfügbarkeit und Aussagekraft von Informationen

Die Literaturrecherche hat viele wichtige Aussagen geliefert und mir das nötige Fachwissen zur weiteren Bearbeitung des Themas vermittelt. Allerdings zeichneten sich in einigen Bereichen starke Diskrepanzen zwischen den Erfahrungen der wenigen deutschen Walnussforscher ab:

An den Schätzungen zu den Ertragswerten für Deutschland wird deutlich, dass die Versuchsflächen in den 1960er-Jahren (Veröffentlichungen von STRITZKE und MAURER) noch zu jung, und in den letzten zehn Jahren (Veröffentlichungen von JACOB und RUESS) zu klein waren, um universelle Erkenntnisse zu erbringen. Auch in den Empfehlungen zur Pflege einer Walnussplantage spiegeln sich Unsicherheiten wider: Zu Düngung und Schnitt wurden von den verschiedenen Autoren zum Teil gegensätzliche Angaben gemacht, während zur Bewässerung im Anbau wiederum überhaupt keine Untersuchungen durchgeführt wurden.

Das Durchschnittsalter der Literatur ist ein weiteres Manko. Bis auf wenige vereinzelte Beiträge in Fachzeitschriften wurde die letzte wissenschaftliche Ausarbeitung zum Thema Walnüsse mit SCHAARSCHMIDTS zweiter Auflage von „Die Walnussgewächse“ 1999 veröffentlicht. Die Drittauflage dieses Schriftstücks von 2006 war lediglich ein unveränderter Nachdruck der zweiten Auflage von 1999. Auch an diesem Beispiel wird deutlich, dass sich in den letzten 15 Jahren in Deutschland nicht viel zum Thema Walnuss getan hat. Die Tagungsbände zum „Baum des Jahres 2008“ von der LWF und FAWF sind allerdings gut verwertbare Zusammenfassungen der wichtigsten Informationen rund um die Walnuss, aber neue Erkenntnisse durch aktuelle Erhebungen sind auch hier eher selten vertreten.

Daten für den ökologischen Anbau von Walnüssen sind auf nationaler Ebene überhaupt nicht zu finden und auch im internationalen Raum sehr rar, sodass die Darstellung des Walnussanbaus in Deutschland sich ausschließlich auf die konventionelle Produktion beziehen kann.

Ansonsten erfolgt die Informationsbeschaffung innerhalb der Branche bislang recht unstrukturiert. Bei aufkommenden Fragen und Unsicherheiten wenden sich fast alle Walnussexperten zunächst einmal an ihre Kollegen, wenn sie in der vorliegenden Literatur oder dem Internet nicht fündig werden. Als „Kollegen“ werden hierbei die „Interessengemeinschaft Nuss“, private Versuchsanlagenbetreiber und Walnussveredlungsbetriebe verstanden. Zur Weiterbildung werden ebenfalls persönliche Kontakte und auch ausländische Websites und Bücher genutzt. Landwirtschaftskammern, Obstbauversuchsanstalten, Bioanbauverbände und Pflanzenschutzdienste zählen selten zu den Ansprechpartnern, da hier nur sehr allgemeine Fragen geklärt werden können.

Engere Verknüpfung von Praxis und Forschung

Die Anzahl von Praktikern ist in Deutschland bislang überschaubar und alle Spezialbetriebe sind eng miteinander vernetzt. Neues Wissen dringt nur gelegentlich von außen ein, zum Beispiel durch Exkursionen der IG NUSS ins Ausland, an denen regelmäßig viele interessierte Fachleute teilnehmen.

Generell wird der Mangel an kompetenter Beratung beklagt: Da der Walnussanbau grundsätzlich nur auf südlichere Länder fokussiert werde, interessierten sich hierzulande auch nicht so viele Obstbauberater für die Walnuss.

Die Frage, welche Forschungsprojekte sich die Betriebsleiter erhoffen, wurde zum einen schwerpunktmäßig mit dem Wunsch nach neuen Sorten- und Unterlagentests, die vor allem die Ertragsleistung der modernen Sorten erforschen sollen, beantwortet. Zum anderen sollen Maßnahmen gegen die Walnussfruchtfliege erforscht werden, zum Beispiel sei der Einsatz von Pheromonen in Amerika erfolgreich erprobt worden. Es wurden auch Unsicherheiten zu Menge und Zeitpunkten von Kupfergaben geäußert, weswegen man sich Pflanzenschutz-, aber auch Düngeversuche wünsche. Für die Verarbeitung war die unterschiedliche Zusammensetzung der Inhaltsstoffe zwischen den Sorten von Interesse.

Diese Äußerungen spiegeln den Mangel an neuen, vertrauenswürdigen und leicht verfügbaren Erkenntnissen für Deutschland wider. Es herrschen noch viele Unklarheiten in der praktischen Umsetzung des Ertragsanbaus von Walnüssen, sodass nach außen hin zu wenige Anreize zum Einstieg geboten sind. Ohne Forschung bleibt die Walnuss ein unbekanntes Feld mit schwer kalkulierbaren Ergebnissen, auf das sich nur wenige wagen.

Abb. 60: Eine der Favoriten: ´Milotai 10´

Fakten schaffen – Zusammenfassung

Die Walnuss ist aufgrund ihrer vielseitigen Nutzbarkeit ein äußerst anbauwürdiges Produkt. Die scheinbar schlechte Tauglichkeit als Erwerbskultur in Deutschland hat sich als Meinungsbild etabliert, woraufhin ehemals bestehende Forschungsaktivitäten auf ein Minimum reduziert wurden. Demnach gibt es nur wenige und veraltete Grunddaten zur Walnusskultur in Deutschland; besonders zu den im Ausland massiv angestiegenen Sortenvariationen können nur wenige Aussagen getroffen werden. Sich ändernde klimatische Verhältnisse werden zudem quasi überhaupt nicht thematisiert.

Der internationale Walnussanbau hingegen expandiert gewaltig und liefert das Pendant zur stetig steigenden Nachfrage nach Walnüssen und Walnussprodukten – auch und besonders in Deutschland. Die Anbaustrukturen in den großen Produktionsnationen wie China, den USA oder Frankreich sind detailliert erforscht und professionalisiert. Auch wenn Deutschland von diesen Strukturen sicherlich weit entfernt ist, können die dortigen Erfahrungen doch einen gewissen Vorbildcharakter haben. Die derzeitig untergeordnete Rolle der deutschen Walnussproduktion könnte zumindest auf nationaler Ebene hin zu einer kleinstrukturierten, regionalen Marktwirtschaft gefördert werden. Diese Bestrebungen sollten auch mit den ökologischen Nischenvorteilen (Anpassung an den Klimawandel, Verknüpfung von Landnutzungsformen) der Walnuss und ihrer kulturellen Manifestation in Deutschland begründet werden.

Klimatische Nachteile können durch eine spezifische Sortenwahl, kleinräumige Schutzmaßnahmen und Standortanpassungen sowie Bewässerungs- und Pflegemaßnahmen relativiert werden. Dennoch sind Frostschäden (an Holz und Blüte) ein präsentes Risiko, das zusammen mit der späten Ertragsbildung und der Vorfinanzierung der ersten Betriebsmittel eine Absicherung durch ein Zweiteinkommen erfordert. Dieses lässt sich aber dank des sehr geringen Arbeitsaufwandes im Walnussanbau unschwer generieren.

Mit entsprechenden Bemühungen *ist* der Erwerbsanbau der Walnuss in Deutschland zukunftsfähig. Denn selbst mit den zu befürchtenden Ertragsausfällen durch Spätfröste kann – wie die Erhebung zeigte – rentabel mit der Walnuss gewirtschaftet werden. Die ökologische Produktion ist ein weiteres Aushängeschild, das bei der Walnuss grundsätzlich gut in die sowieso umweltschonenden und langfristigen Anbaustrukturen passt, wobei aber das Angebot an entsprechenden Pflanzenschutzmitteln noch nicht zufriedenstellend ist.

Abb. 61: ´Rote Gubler´ – eine spezielle Sorte mit attraktiven roten Kernen

Fazit

Ruht man sich nicht auf der vermeintlichen Genügsamkeit der Walnuss aus, sondern beschäftigt sich aktiv und innovativ mit ihren Ansprüchen und Eigenschaften, können in ganz Deutschland positive Ertragsergebnisse erzielt und der Rückgang des Walnussanbaus gestoppt werden.

Es bleibt zu hoffen, dass sich die Nutzung und damit auch der hohe Stellenwert unserer Walnussbäume mit den hier behandelten Maßnahmen erhalten und ausbauen lässt. Denn nur die Nutzung garantiert auch den Erhalt der unsere Landschaft und Kultur prägenden Walnussbäume.

In diesem Sinne wünsche ich Ihnen einen unerschrockenen Einstieg in den Walnussanbau und stets eine erfolgreiche Ernte!

Sortenkatalog

Name	**´Alsoszentivani 117´** (A 117)
Herkunft	Ungarn, Alsoszentiványi
Wuchs	Bildet einen hoch- und breitkronigen Baum mit großem Platzbedarf. Fruchtstand terminal.
Blattkrankheiten	Bemerkenswerte Widerstandsfähigkeit gegen durch Pilze oder Bakterien hervorgerufene Blattkrankheiten. Milbenbefall (Pockenkrankheit) tritt in manchen Jahren auf, ohne größeren Schaden zu verursachen.
Fertilität	Protandrisch – männliche Blüte reift vor der weiblichen
Spätfrostgefährdung	Blätter und Blüten erscheinen mittelfrüh. Es kommt hierzulande kaum zu Blütenfrostschäden.
Winterfrosthärte	k. A.
Ertragsbeginn	Frühzeitig
Fruchtfall	Früh, ab Mitte September. Ist hier die Sorte mit dem frühesten Erntetermin.
Ertragsniveau	Sichere Erträge auf hohem Niveau
Nussqualität	Mittelgroße (ca. 38 x 34 mm), helle, eiförmige, leicht gefurchte, dünnschalige Nuss mit gutem Nahtschluss. Sie ist vollkernig, leicht knack- und gut auskernbar und hat einen Kernanteil von 48–51 %. Der goldgelbe Kern ist von sehr gutem aromatischen, etwas parfümiert wirkenden Geschmack und hat einen Ölgehalt von 65 %.
Empfehlung	Garantiert auch in trockenen Jahren ein gesundes Wachstum und volle Fruchtentwicklung. In der Versuchsanlage bei Magdeburg wurde festgestellt, dass Beschädigungen des Stammes nicht so gut ausheilen wie bei anderen Sorten. Interessant für den Waldbau, da Sämlinge von ´A 117´ raschwüchsig, geradschaftig, feinastig und wipfelschäftig sind.

Name	**´Alsoszentivani 118´** (A 118)
Herkunft	Ungarn, Alsoszentiványi
Wuchs	In Versuchsanlagen bei Magdeburg die am stärksten wachsende Walnusssorte. Der Ausbildung grober Äste muss durch rechtzeitige, eventuell vorauseilende Astung entgegengewirkt werden.
Blattkrankheiten	Laub sehr vital
Fertilität	k. A.
Spätfrostgefährdung	Mittelfrüh austreibend
Winterfrosthärte	k. A.
Ertragsbeginn	Frühzeitiger Ertragsbeginn
Fruchtfall	Später als A 117
Ertragsniveau	Trägt regelmäßig reich
Nussqualität	Die großen Früchte ähneln denen der ´Nr. 120´, sind aber dunkler; der Kern ist herber im Geschmack. Mit nur 40 % haben sie eines der schlechtesten Gewichtsverhältnisse von Kern zur Schale. Negativ ist auch, dass ein Teil der Nüsse die Normalgröße deutlich unterschreitet.
Empfehlung	Befruchtersorte für ´A 117´. Möglicherweise für Anbauversuche im forstlichen Bereich geeignet: ´A 118´ zeigte bei Magdeburg ein zügiges Wachstum. Analoge Versuche der Interessengemeinschaft Nuss konnten diese Ergebnisse allerdings im Raum Rastatt nicht bestätigen.

Name	´Amphyon´
Herkunft	Niederlande
Wuchs	k. A.
Blattkrankheiten	Diese Sorte ist nicht anfällig für Krankheiten.
Fertilität	selbstbefruchtend
Spätfrostgefährdung	Treibt spät aus und ist daher wenig spätfrostgefährdet.
Winterfrosthärte	k. A.
Ertragsbeginn	In jungen Jahren
Fruchtfall	k. A.
Ertragsniveau	k. A.
Nussqualität	Die Nuss ist länger als breit und hat tiefe Rillen.
Empfehlung	´Amphyon´ wird in den Niederlanden für nördliche Regionen empfohlen.

Name	´Apollo´
Herkunft	Tschechien, Züchtungsstation Valtice in Südmähren
Wuchs	Die sehr starke Wuchskraft und ordentliche Schaftform erfordern einen großen Standraum. Die Wipfelhöhe in der Plantage nach 20 Jahren beträgt ca. 22 m. Die auffällig dichte Krone mit ihren sehr steilen Astwinkeln ist leider windbruchgefährdet.
Blattkrankheiten	Das Laub ist dunkelgrün und gesund.
Fertilität	Selbstfruchtbar, Fremdbefruchtung verbessert jedoch den Ertrag. Blüten stehen terminal.
Spätfrostgefährdung	Leider kann der frühe Austrieb zu schwankenden Ertragsleistungen führen.
Winterfrosthärte	Junge Bäume hoch anfällig
Ertragsbeginn	Ca. ab dem 7.–8. Jahr.
Fruchtfall	Ende September, konzentrierter Nussfall
Ertragsniveau	Ohne frostbedingte Ausfälle sind hohe Erntemengen zu verzeichnen.
Nussqualität	Große (ca. 43 x 36 mm), harmonisch geformte Nuss mit relativ dünner, wenig gefurchter Schale und gutem Nahtschluss. Die hellen Kerne haben eine dunkle Maserung, sind leicht knackbar, mittel bis gut auskernbar und sehr wohlschmeckend.
Empfehlung	Eine forstliche Eignung müsste wegen des starken Holzzuwachses speziell geprüft werden. Sorte eignet sich für wärmere und mittlere Lagen, für Hausgärten und Plantagen an Standorten mit geringer Spätfrostgefahr.

Name	**´Aufhausener Baden´** (Pferdeblutnuss)
Herkunft	Deutschland, Aufhausen/Baden
Wuchs	Mittelstark und aufrecht wachsend, bildet breite, lockere Kronen mit starken, stabilen Ruten. Standraumbedarf 70–100 m^2.
Blattkrankheiten	Überdurchschnittlich gesund, besonders selten Bakterienbefall
Fertilität	k. A.
Spätfrostgefährdung	Treibt früh bis mittelfrüh aus, Blüte ebenso
Winterfrosthärte	Bislang wurden keine Frostschäden beobachtet.
Ertragsbeginn	k. A.
Fruchtfall	k. A.
Ertragsniveau	Bringt mittlere Erntemengen
Nussqualität	Sehr große „Pferdeblutnuss“, Schale außergewöhnlich stark gefurcht, Nuss leicht eckig. Kern hellrot, füllt die Schale nicht voll aus.
Empfehlung	Alte deutsche Liebhabersorte; wegen der Fruchtgröße beliebt zum Vergolden als Christbaumschmuck, die Schalenhälften sind auch zum Basteln gut geeignet. Kommt im Anbau gut über nasse Perioden.

Name	**´Axel´**
Herkunft	Niederlande/Belgien
Wuchs	Kräftiges Wachstum
Blattkrankheiten	k. A.
Fertilität	Männliche Blüte erscheint vor weiblicher.
Spätfrostgefährdung	Gering, weibliche Blüten erscheinen in Nordfriesland Mitte bis Ende Mai.
Winterfrosthärte	k. A.
Ertragsbeginn	k. A.
Fruchtfall	k. A.
Ertragsniveau	Leistungsstarke Sorte
Nussqualität	Sie trägt sehr große Riesennüsse, die aber oft schlecht ausgefüllt und nicht lange haltbar sind, weil der Kern wenig Öl enthält. ´Axel´ liefert eine Menge von Ballaststoffen und hat einen weichen Geschmack.
Empfehlung	Die Sorte ist sehr beliebt in Belgien. Der Grund dafür ist, dass die Belgier mehr frische Nüsse essen, wofür ´Axel´ ideal geeignet ist.

Name	´Big & Easy´
Herkunft	Niederlande, Zufallssämling aus Sint Jacobiparochie
Wuchs	Nach 25 Jahren ist der Baum etwa 10 m hoch und 10 m breit. Früchte sind 2- bis 3-ständig.
Blattkrankheiten	Etwas anfällig für Bakterienbrand
Fertilität	Die Sorte blüht vormännlich (proterandrisch). Fast keine Überschneidungen.
Spätfrostgefährdung	Sehr gering: In Nordfriesland treibt die weibliche Blüte erst Anfang Juni, die männliche Anfang bis Mitte Mai.
Winterfrosthärte	k. A.
Ertragsbeginn	k. A.
Fruchtfall	Ernte 2. Oktoberhälfte. Frucht fällt sauber aus der Schale.
Ertragsniveau	k. A.
Nussqualität	Die Nuss ist 5 cm lang, 3,6 cm breit und 3,5 cm hoch. Lässt sich sehr leicht von Hand öffnen. Gewicht: 13–16 g bei einem Kerngewicht von 5,5 g. Geriffelte Schale mit breit abgeflachter Nahtleiste. Sie schließt gut und weist wenige Mängel auf. Der Kern ist groß und hell bis ockerfarben. Er kommt gut aus der Schale und ist von sehr gutem Geschmack.
Empfehlung	Keine Selbstbestäubung. Geeignete Bestäuber z.B. ´Blanco´, ´Sibisel 8´ und ´Ronde de Montignac´

Name	**´Blanco´** (Kwanten Nr. 26)
Herkunft	Niederlande, Ten Boer in Groeningen
Wuchs	k. A.
Blattkrankheiten	k. A.
Fertilität	Die männlichen und weiblichen Blüten überschneiden sich gut.
Spätfrostgefährdung	Treibt spät aus
Winterfrosthärte	Ist sehr winterhart
Ertragsbeginn	k. A.
Fruchtfall	Erste Oktoberhälfte
Ertragsniveau	k. A.
Nussqualität	Die Nüsse sind groß bis sehr groß, länglich und leicht gerillt; sie sind leicht zu knacken.
Empfehlung	k. A.

Name	**´Broadview´**
Herkunft	Kanada, British Columbia
Wuchs	Schwach bis mittelstark im Wachstum. Die Krone ist dicht und schlank mit auffallend gesundem, dunklem Laub.
Blattkrankheiten	Sehr widerstandsfähig gegenüber Krankheiten.
Fertilität	Die männlichen Blüten öffnen früher, apomiktisch. Terminaler Blütenstand.
Spätfrostgefährdung	Mittlere Austriebszeit und etwas spätere Blüte.
Winterfrosthärte	Winterfrosthart
Ertragsbeginn	k. A.
Fruchtfall	Spät bis sehr spät
Ertragsniveau	Eine der ertragreichsten Sorten überhaupt, aber hoher Anteil tauber Nüsse in manchen Erntejahren.
Nussqualität	Etwas dunklere, lang gestreckte ovale und dünne Nüsse (ca. 41 x 30 mm), erreichen selten den vom Großhandel gewünschten Durchmesser > 32 mm. Nüsse lösen sich sauber aus der grünen Hülle, sind vollkernig, leicht knackbar und gut auskernbar. Mildes Aroma, manchmal mit bitterem Nachgeschmack.
Empfehlung	In den Niederlanden stellt sie die Hauptsorte dar, weil sie hohe Luftfeuchtigkeit und große Niederschlagsmengen gut verträgt. In Deutschland für Standorte an der Küste oder am Niederrhein gut geeignet.

Name	´Champion´
Herkunft	USA, vermutlich aus Oregon
Wuchs	Mittelstark
Blattkrankheiten	Hohe Widerstandsfähigkeit gegenüber *Marssonina* und der bakteriellen Blattfleckenkrankheit.
Fertilität	Terminaler Blütenstand
Spätfrostgefährdung	Sollte in Spätfrostlagen nicht eingesetzt werden.
Winterfrosthärte	Früher Vegetationsabschluss, reift sehr gut aus. Winterhart.
Ertragsbeginn	k. A.
Fruchtfall	k. A.
Ertragsniveau	k. A.
Nussqualität	Groß mit dünner Schale. Sehr wohlschmeckend
Empfehlung	Genügsam, wächst auch auf trockeneren Standorten und ärmeren Böden gut. Kann in Höhenlagen bis 800 m gepflanzt werden. Eignet sich für Hausgärten, freie Landschaft und im Erwerb als Frühsorte.

Name	´Coenen´
Herkunft	Niederlande, Veghel in Nordbrabant
Wuchs	Sehr robust; bildet breite, lose Kronen
Blattkrankheiten	k. A.
Fertilität	Braucht einen Bestäuber, deren männliche Blüte möglichst früh erscheinen sollte.
Spätfrostgefährdung	Treibt früh aus
Winterfrosthärte	k. A.
Ertragsbeginn	k. A.
Fruchtfall	k. A.
Ertragsniveau	Hoch
Nussqualität	Die Sorte produziert große bis sehr große Nüsse. Nussschale hat interessanten braun orangen Farbton.
Empfehlung	Bei Magdeburg ein reicher Träger, allerdings wenig einheitliche Nussgrößen.

Name	´Dryanovski´
Herkunft	Bulgarien, Zufallssämling aus Dryanovo
Wuchs	Stark wüchsig mit einer relativ lichten, breiten Krone.
Blattkrankheiten	Keine Auffälligkeiten
Fertilität	Protogyn – weibliche Blüten reifen vor den männlichen.
Spätfrostgefährdung	Mittelspät austreibend
Winterfrosthärte	k. A.
Ertragsbeginn	k. A.
Fruchtfall	Ende September – Anfang Oktober
Ertragsniveau	Gut
Nussqualität	Mittelgroß (ca. 36 x 32 mm), 16 g schwer. Kugelige Nuss mit gräulich hell gefärbter, mitteldicker und wenig gefurchter Schale. Leicht knack- und gut auskernbar, Kernanteil 52,3 %. Eher helle Kerne mit ausgezeichnetem, süßlichem Geschmack.
Empfehlung	Scheint anfällig für die Walnussfruchtfliege zu sein, ansonsten robuste Sorte.

Name	´Esterhazy II´
Herkunft	Ungarn, Fertöd
Wuchs	Mittelstark. Ihre Kronen wachsen auf zusagenden Böden stark, sparrig und ausladend, wobei einzelne Äste gern ineinanderragen. Sie ist schwer zu erziehen. Fruchtstand meist einzeln, gelegentlich mehrere Früchte.
Blattkrankheiten	k. A.
Fertilität	Nicht auf Fremdbefruchtung angewiesen (apomiktisch), männliche Blüten vor weiblichen.
Spätfrostgefährdung	Da sie sehr früh Blatt und Blüte ausbildet, ist sie stark anfällig für Mai- und Winterfrost.
Winterfrosthärte	Resistent gegenüber Winterkälte
Ertragsbeginn	k. A.
Fruchtfall	Ende September – Anfang Oktober
Ertragsniveau	Gute bis sehr gute Erträge. Die Frostgefährdung und die Empfindlichkeit gegenüber Krankheiten führen aber zu sehr unterschiedlichen Ertragsmengen.
Nussqualität	Die kräftigen Äste tragen breit eiförmige, große (ca. 37–45 mm) Früchte von ausgezeichnetem Aussehen und Geschmack. Die Schale ist relativ dünn, aber fest geschlossen und eher glatt bis wenig gefurcht. Sie ist vollkernig, mittelgut zu öffnen (Nussknacker) und gut auskernbar. Gilt geschmacklich als eine der besten Baumnüsse überhaupt.
Empfehlung	Diese zum deutschen Standardsortiment gehörende Sorte ist nur im Weinbauklima mit geringer Spätfrostgefährdung empfehlenswert, auch für trockene Standorte mit Sommerhitze. Sehr gute Tafelnuss.

Name	´Fernette´
Herkunft	Frankreich, Forschungsinstitut INRA, Bordeaux
Wuchs	Mittelstark, Fruchtstand an Seitentrieben
Blattkrankheiten	Wenig anfällig für Bakterien- und Pilzkrankheiten
Fertilität	Männliche kurz vor weiblichen Blüten, gute Befruchtersorte für ´Lara´.
Spätfrostgefährdung	Austrieb mittelspät, Blüte spät
Winterfrosthärte	k. A.
Ertragsbeginn	Frühzeitig
Fruchtfall	Anfang/Mitte Oktober
Ertragsniveau	Reich, deutlich höher als bei ´Franquette´
Nussqualität	Mittelgroße (ca. 32–36 mm) kugelige Nuss mit dünner, mäßig gefurchter Schale. Nach kalten Sommern teilweise mangelnder Nahtschluss an 5–10 % der Früchte. Gemaserte Kerne, die sich gut auskernen lassen und schmecken.
Empfehlung	Befruchtersorte. Braucht im Winter tiefe Temperaturen für optimale Erträge. Gut geeignet für Heckenpflanzungen.

Name	´Fernor´
Herkunft	Frankreich, Forschungsinstitut INRA, Bordeaux
Wuchs	Aufrecht und mittelstark
Blattkrankheiten	Wenig anfällig für Bakterien- und Pilzkrankheiten
Fertilität	Männliche Blüten vor weiblichen, lateral tragend
Spätfrostgefährdung	Spät austreibend, Blüte mittelspät
Winterfrosthärte	Relativ widerstandsfähig
Ertragsbeginn	Frühzeitig
Fruchtfall	Anfang/Mitte Oktober
Ertragsniveau	Gut, da sie auch an Seitentrieben fruchtet
Nussqualität	Mittel bis klein (ca. 32 x 29 mm). Helle Schale mit leichten Dellen, wenig gefurcht, guter Nahtschluss. Helle, geäderte Kerne, mehr als 2/3 gefüllt, mittel knackbar, gut auskernbar. Angenehmer Geschmack mit guter Süße, ohne Gerbstoffe oder Bitterkeit. Größere Nüsse als ´Franquette´, höhere Qualität als ´Fernette´.
Empfehlung	Braucht im Winter tiefe Temperaturen für optimale Erträge, gut geeignet für Heckenpflanzungen, sehr robust.

Name	´Finkenwerder Deichnuss Royal´
Herkunft	Deutschland, Hamburg-Finkenwerder
Wuchs	Die Bäume werden zwischen 7 und 10 m hoch
Blattkrankheiten	Keine Auffälligkeiten, sehr robust
Fertilität	Selbstbestäubend; der Ertrag kann durch Fremdbestäubung erhöht werden.
Spätfrostgefährdung	Sehr gering, da die Sorte ihren Ursprung im Norden hat.
Winterfrosthärte	Winterhart, kommt mit den Klimaten in Norddeutschland gut zurecht.
Ertragsbeginn	Erste Früchte oft schon nach 2 bis 3 Jahren.
Fruchtfall	Ende September bis Mitte Oktober
Ertragsniveau	Regelmäßig gut
Nussqualität	Sehr große, vollkernige Riesennuss (ca. 7 cm lang). Die Haut des Nusskerns ist problemlos ablösbar (Schälnuss), der Kern hat ein geschmackvolles, süßliches Nussaroma.
Empfehlung	Als Einzelbaum und zum Plantagenanbau geeignet, auch gute regionale Vermarktungsmöglichkeiten der herausstechenden Nüsse. Der große Kern muss behutsam getrocknet werden. Hervorragende Schälnuss.

Name	´Fischenthal´
Herkunft	Schweiz
Wuchs	Stark wüchsig, Form breit und rund. Fruchtstand in Gruppen
Blattkrankheiten	Keine Anzeichen für Krankheiten
Fertilität	Männliche und weibliche Blüten gleichzeitig
Spätfrostgefährdung	Austrieb mittelfrüh, Blüte mittel
Winterfrosthärte	k. A.
Ertragsbeginn	k. A.
Fruchtfall	Mitte September
Ertragsniveau	k. A.
Nussqualität	Mittelgroß (ca. 42 x 32 mm), dünne Schale, deutliche Spitze, wenig gefurcht, sehr helle, auffallend geäderte Kerne. Mehr als 2/3 gefüllt, leicht knackbar, mittel bis gut auskernbar. Intensiv nussig, wenig Gerbstoffe, gute Süße.
Empfehlung	Robuste Sorte, die sich für Höhenlagen und eher raues Klima eignet.

Name	´Franquette´
Herkunft	Frankreich, Region Isère
Wuchs	Stark wüchsig
Blattkrankheiten	Wenig krankheitsanfällig
Fertilität	Männliche Blüte weit vor weiblicher
Spätfrostgefährdung	Spät austreibend, wenig Spätfrostschäden. Späte Blüte.
Winterfrosthärte	k. A.
Ertragsbeginn	Relativ später Vollertragseintritt
Fruchtfall	Anfang Oktober
Ertragsniveau	Regelmäßig mittlere bis gute Erträge
Nussqualität	Mittelgroß (ca. 40 x 30 mm), länglich, zugespitzt, Nabel abgerundet, mäßig gefurcht bis knorrig. Vollkernig, gut knack- und auskernbar, ausgezeichneter Geschmack.
Empfehlung	Wahl der Befruchtersorte wichtig: ´Meylanaise´ oder ´Ronde de Montignac´. Sehr gute Tafelnuss, sehr verbreitete und beliebte Sorte.

Name	**´Geisenheimer Walnuss´** (Nr. 26)
Herkunft	Deutschland, Geisenheim/Rüdesheim
Wuchs	Schwach bis mittelstark, bei Magdeburg starker Wuchs. Kleinkronig. Fruchtstand meist 2–3 Früchte, vereinzelt in Trauben.
Blattkrankheiten	Sehr gesund, bei höheren Niederschlägen aber anfällig.
Fertilität	Selbstfruchtbar, neigt stark zur Apomixis. Vorhandensein einer anderen Befruchtersorte aber grundsätzlich günstig.
Spätfrostgefährdung	Die am spätesten austreibende Nummernsorte aus dem deutschen Standardsortiment, deren späte Blütezeit (meist erst nach den Eisheiligen) sie vor Spätfrostschäden schützt.
Frühfrostgefährdung	Da die Triebe manchmal im Herbst nicht mehr richtig ausreifen, ist der Anbau in Gegenden mit sehr tiefen oder sehr früh einsetzenden Wintertemperaturen problematisch.
Ertragsbeginn	Eher spät
Fruchtfall	Ende September/Anfang Oktober
Ertragsniveau	Die Erträge sind alljährlich auf mittlerem Niveau, zufriedenstellend und regelmäßig.
Nussqualität	Die kleine bis mittelgroße (ca. 36 x 28 mm, 11 g), geschmacklich sehr gute Nuss ist verkehrtherum eiförmig. Die helle, glatte und mitteldicke Schale schließt gut und muss nicht unbedingt gewaschen werden. Sie ist relative schwer knackbar, vollkernig (Kernanteil 47 %) und gut auskernbar. Löst sich in Magdeburg häufig schlecht aus der grünen Hülle. Sehr angenehmer Geschmack.
Empfehlung	Kann als Einzelbaum auch bei beschränkten Platzverhältnissen gepflanzt werden und ist auch für schlechte/spätfrostgefährdete Standorte und Höhenlagen bis 700 m geeignet. Wird oft als Unterlage für Veredlungen verwendet. Für den Handel leider oft zu kleine Nuss.

Name	´Giswil´
Herkunft	Schweiz, Giswil OW
Wuchs	Im Jugendstadium langsam, später stark wüchsig. Schmale und hohe Form mit imposantem Stamm. Fruchtstand einzeln, an Seitenzweigen.
Blattkrankheiten	k. A.
Fertilität	Männliche Blüten zwei Wochen vor weiblichen
Spätfrostgefährdung	Austrieb und Blüte früh: Kätzchen 2. Dekade April, weibliche Blüten 3. Dekade April
Winterfrosthärte	k. A.
Ertragsbeginn	k. A.
Fruchtfall	Anfang September
Ertragsniveau	k. A.
Nussqualität	Klein (ca. 27 x 25 mm) und kegelig. Dunkle, gefurchte Schale, mehr als 2/3 gefüllt. Mittel knack- und auskernbar. Sehr intensiv nussig, kaum Gerbstoffe, wenig Süße, sehr ölig.
Empfehlung	Für die Holzproduktion als Waldbaum und als Ölnuss sehr interessant. Sämlinge scheinen anfangs schneller zu wachsen.

Name	´Izvor 10´
Herkunft	Bulgarien, Izvor nahe Plovdiv
Wuchs	Moderat wüchsig, breite, relativ lichte Krone
Blattkrankheiten	Wenig anfällig für Walnussbakterienkrankheiten.
Fertilität	Protogyn: Weibliche Blüten reifen kurz vor den männlichen.
Spätfrostgefährdung	Blüte mittel bis spät
Winterfrosthärte	Gut
Ertragsbeginn	Früh
Fruchtfall	Ende September
Ertragsniveau	Hoch
Nussqualität	Mittelgroße (ca. 39 x 28 mm) und 9 g schwere, längliche, glatt- und dünnschalige Nuss. Helle Kerne, leicht knackbar, gut auskernbar. Kernanteil 56 %. Möglicherweise zu leicht und zu dünn für Verarbeitung.
Empfehlung	k. A.

Name	´Jupiter´
Herkunft	Tschechien, Valtice in Südmähren
Wuchs	Mittelstarke Wuchskraft und eine aufgelockerte, etwas ausladende Krone mit unregelmäßiger Außenkontur. Bei zu dichtem Stand verkahlt das Kroneninnere sehr schnell. Darauf reagiert ´Jupiter´ mit verringerten Erträgen. Fruchtstand terminal.
Blattkrankheiten	Die Blätter haben mittlere Resistenz gegenüber Blattkrankheiten. Bei hohen Niederschlägen anfällig für *Marssonina*.
Fertilität	Auffallend ist der starke Besatz mit langen männlichen Blüten. Äußerst selbstfruchtbar, männliche Blüten reifen kurz vor den weiblichen.
Spätfrostgefährdung	Etwas später einsetzende, lang gezogene Blütezeit, etwa bis Mitte April.
Winterfrosthärte	Frostwiderstandsfähig
Ertragsbeginn	Früher Ertragsbeginn: trägt schon ab dem 2. Standjahr
Fruchtfall	Reife im September beginnend
Ertragsniveau	Sehr regelmäßige Erträge bei hoher Fruchtbarkeit: Bei Magdeburg gab es in 18 Jahren nur einmal Ertragsausfall.
Nussqualität	Große, eiförmige Nuss (ca. 45 x 34 mm) mit bis an die Schaleninnenseite drückendem Kern, der sich gut herauslösen lässt. Die helle Schale schimmelt schnell und wird fleckig – darf nicht lange am Boden liegen. Der große sandgelbe Kern ist etwas problematisch bei der Trocknung, hat einen mäßigen Geschmack und ist nicht sehr lange lagerfähig. In nassen Jahren schließt die Nuss an der Spitze schlecht (offene Naht und/oder Löcher in der Schale).
Empfehlung	Für nicht zu kalte Standorte gut geeignet, wobei sich die genannten Vorteile in Bayern nicht bestätigt haben: Blattkrankheiten, sehr oft braune und faulige Nüsse, die nicht sauber aus der Schale fallen und nur schwer zu knacken sind. Ertrag bisher nicht zufriedenstellend.

Name	´Kardinal´ (DR-1)
Herkunft	k. A.
Wuchs	Schwachwüchsig
Blattkrankheiten	Wenig krankheitsanfällig
Fertilität	k. A.
Spätfrostgefährdung	Sie treibt recht spät, etwa eine Woche vor ´Mars'.
Winterfrosthärte	Winterhärteste Sorte unter den Rotkernigen.
Ertragsbeginn	Trägt die ersten Früchte 2–3 Jahre nach der Veredlung.
Fruchtfall	k. A.
Ertragsniveau	Mittel
Nussqualität	Die Nüsse sind mittelgroß und rund mit feiner Spitze. Die Kerne sind dunkelrot und von sehr gutem Geschmack. Sie füllen die Schale gut aus.
Empfehlung	Diese Sorte kann erfolgreich auf 500 m ü. NN angebaut werden.

Name	**´Kurmarker Walnuss´** (Nr. 1247)
Herkunft	Deutschland, Mehlen bei Forst in der Kurmark
Wuchs	Dank langer Vegetationszeit die starkwüchsigste deutsche Sorte. Gute, gerade Schaftbildung und durchgehende Stammverlängerung. Groß- und breitkronig. Die Blätter sind feingliedrig und von hellerer Farbe.
Blattkrankheiten	Wird häufig von *Marssonina*, jedoch kaum von Bakterienbrand befallen. Weitgehend unempfindlich, auch in feuchten Jahren.
Fertilität	Weibliche Blüte nur leicht vor männlichen, nicht auf Fremdbefruchtung angewiesen.
Spätfrostgefährdung	Es ist die am frühesten austreibende Sorte der deutschen Selektionen, somit stark spätfrostgefährdet. Weil die Blüte häufig erfriert, kommt es oft zum totalen Ertragsausfall.
Winterfrosthärte	Gute Holzausreife und früher Triebabschluss
Ertragsbeginn	Früh einsetzend
Fruchtfall	Früh, Mitte bis Ende September
Ertragsniveau	Ohne Frostschädigung enorme Mengen
Nussqualität	Mittelgroße (ca. 40 x 31 mm), 11 g schwere und gleichmäßig ovale, feste Früchte mit sortentypischer Spitze. Kernanteil 44 %. Kaum gefurcht, guter Nahtschluss. Relativ dünne, helle und leicht knackbare Schale mit hellgelbem Kern, der die Schale ganz ausfüllt und sich gut herauslösen lässt. Sehr guter Geschmack.
Empfehlung	Für die Holzproduktion auch in Höhenlagen mit tiefen Wintertemperaturen bis -25 °C geeignet, gehört aber auch zu den besten Tafelsorten.

Name	´Ladema´
Herkunft	Deutschland, Ackendorf bei Magdeburg
Wuchs	Die Bäume werden zwischen 7 und 10 m hoch.
Blattkrankheiten	k. A.
Fertilität	Weibliche vor männlichen Blüten
Spätfrostgefährdung	Früh austreibend, weibliche Blüte Ende April
Winterfrosthärte	k. A.
Ertragsbeginn	Der Mutterbaum trug nach 8 Jahren erste Nüsse (keine Veredlung!).
Fruchtfall	k. A.
Ertragsniveau	k. A.
Nussqualität	´Ladema´ trägt außergewöhnlich große Nüsse von bis zu 6 x 4,5 cm. Die trockene Nuss wiegt 19 g, der Kern 6,5 g. Prozentualer Kernanteil 35 % (= 100 Punkte nach Walker). Die Naht der Nüsse schließt gut, die Nussschale ist dünnwandig. Die Kerne sind hell und wohlschmeckend. Die Nüsse lassen sich leicht knacken.
Empfehlung	Für Selbstversorger und Hobby-Obstbauern geeignet. Hervorragende Schälnuss.

Name	´Lange van Lod´
Herkunft	Niederlande, Nähe von Venlo
Wuchs	k. A.
Blattkrankheiten	k. A.
Fertilität	Selbstfruchtbar
Spätfrostgefährdung	Blüte mittelspät, leichte Spätfrostgefährdung
Winterfrosthärte	Winterhart
Ertragsbeginn	Sehr früh, nach 2–4 Jahren
Fruchtfall	Ende September/Anfang Oktober
Ertragsniveau	Nach 10 Jahren etwa 700 Nüsse und mehr.
Nussqualität	Die Sorte erzeugt sehr große Riesennüsse (8 x 5 cm), die vollkernig sind. Trockengewicht 33 g, Kerngewicht 11 g. Selten leere oder taube Früchte. Ausgezeichnete Nussqualität; leicht knack- und auskernbar.
Empfehlung	„Pferdenuss“ mit Potenzial. Leichte Spätfrosttoleranz, aber nicht für frostgefährdete Lagen geeignet.

Name	**´Lake´**
Herkunft	USA
Wuchs	Höchstens mittelstark
Blattkrankheiten	Gewisse Anfälligkeit für *Marssonina* und Bakteriosen.
Fertilität	Selbstfruchtbar
Spätfrostgefährdung	Austrieb und Blüte in mittlerer Zeit
Winterfrosthärte	Frosthart
Ertragsbeginn	Früh
Fruchtfall	k. A.
Ertragsniveau	Ordentlich
Nussqualität	Groß und wohlschmeckend, die spindelförmigen Nüsse mit guter Kernqualität sind sehr hell, sodass man jeden Fleck darauf sieht. In Mähren und Württemberg stehen sie an der Schale manchmal etwas offen, sodass Wasser eindringen und sich Schimmel bilden kann.
Empfehlung	Eignet sich hervorragend für den Hausgarten, aber auch für den Erwerb.

Name	**´Lara´**® (Pieral)
Herkunft	Frankreich
Wuchs	Schwach wüchsig, Fruchtstand entlang den ganzen Seitentrieben.
Blattkrankheiten	Eher krankheitsanfällig: Empfindlich für Blattkrankheiten und benötigt Pflanzenschutz.
Fertilität	Männliche Blüten vor weiblichen; Befruchtersorte ´Fernette´
Spätfrostgefährdung	Früh austreibend und blühend
Winterfrosthärte	Stark frostgefährdet
Ertragsbeginn	Sehr früh tragend
Fruchtfall	Ende September
Ertragsniveau	Sehr ertragreich
Nussqualität	Recht große, kugelige Früchte (ca. 34–39 x 32–38 mm) mit eingezogener Basis. Schale dünn, aber solid und mäßig gefurcht mit gutem Nahtschluss. Oft viele vertrocknete Nüsse. Relativ helle Kerne, leicht knackbar, sehr gut auskernbar. Guter Geschmack, ohne Bitterstoffe.
Empfehlung	Sie ist auch als Frischnuss sehr begehrt; die Qualität schwankt aber von Jahr zu Jahr.

Name	´Mars´
Herkunft	Tschechien, Zuchtstation Valtice/Zelesice, Südmähren
Wuchs	Anfangs eher langsam, später mittelstark wachsend
Blattkrankheiten	Sehr gesundes, helles, mitteldichtes Blattwerk
Fertilität	Selbstfruchtbar
Spätfrostgefährdung	Spät austreibend, kaum gefährdet
Winterfrosthärte	Frostwiderstandsfähig, da früher Treibabschluss.
Ertragsbeginn	Ertragseintritt ab dem 4.–5. Standjahr.
Fruchtfall	Ende September
Ertragsniveau	Gute Fruchtbarkeit
Nussqualität	Mittelgroße, helle Nuss (ca. 44 x 33 mm) mit sehr dünner Schale und gutem Nahtschluss. Hat eine klassische ovale Form, die in einer ausgeprägten Spitze endet. Heller Kern, der die Schale gut ausfüllt, und spitzenmäßiger Geschmack. Reifen jedes Jahr gut aus, bei der Trocknung kann allerdings die Schale aufgehen.
Empfehlung	Robuste Sorte, die sich auch für klimatisch ungünstige und etwas höhere Lagen eignet. Zählt zu den besten osteuropäischen Sorten.

Name	´Meylanaise´
Herkunft	Frankreich, Meylan
Wuchs	Mittel wüchsig, leicht aufstrebende Krone
Blattkrankheiten	Je nach Standort wenig bis mittel krankheitsanfällig.
Fertilität	Männliche Blüten kurz vor den weiblichen; gute Überschneidung.
Spätfrostgefährdung	Spät bis sehr spät austreibend, Blüte mittelspät
Winterfrosthärte	Als Jungbaum äußerst frostanfällig
Ertragsbeginn	Trägt erst nach 7–8 Jahren männliche Blüten
Fruchtfall	Anfang Oktober
Ertragsniveau	Regelmäßig sehr gut
Nussqualität	Mittelgroß (ca. 35 x 32 mm), rundlich, eher dünnschalig und wenig gefurcht. Vollkernig. Helle Kerne mit schöner Maserung und guter Textur, leicht knack- und gut auskernbar. Guter Geschmack mit angenehmer Süße, wenig ölig, aber trotzdem gut haltbar.
Empfehlung	Sehr wertvoll als Befruchtersorte für ´Franquette´; hervorstechende Nussqualität.

Name	**´Milotai 10´** (M10)
Herkunft	Ungarn, Milota
Wuchs	Schwach bis mittelstark im Wuchsverhalten. Bildet sehr gleichmäßige Stämme aus und ist feinastig. Sie hat eine wohlproportionierte, lockere, mehr kugelförmige Krone. Häufig ist ein traubenförmiger Fruchtansatz zu verzeichnen, zu 20–25 % trägt die Sorte an den Seitentrieben.
Blattkrankheiten	Wenig krankheitsanfällig, in gewissen Jahren Blattbräunebefall
Fertilität	Zuerst reifen die männlichen Blüten, die weiblichen brechen über einen längeren Zeitraum verteilt auf (Ertragssicherheit).
Spätfrostgefährdung	Treibt mittelfrüh und zögerlich, je nach Witterungsverlauf auch früh aus, ausgesprochen spätfrostresistent.
Winterfrosthärte	Sehr frostresistent
Ertragsbeginn	Ertrag schon nach wenigen Jahren, ab dem 2./3. Standjahr einsetzend.
Fruchtfall	Ende September
Ertragsniveau	Hohe Ertragssicherheit durch den lateralen Fruchtansatz, der auch die Spätfrostgefährdung ausgleicht. Meist große Mengen.
Nussqualität	Die Walnuss hat ein edles Aussehen, ist sauber, glatt und hellschalig, mittelgroß (ca. 36 x 34 mm), fast kugelrund, lässt sich schnell trocknen und ist leicht zu öffnen. Der Geschmack des vollkernigen, sattgelben Kerns ist mild, die Schale ist kaum gefurcht und hat einen guten Nahtschluss. Sie ist leicht knack- und gut auskernbar, hat einen Kernanteil von 47–52 % und einen Ölgehalt von 68 %.
Empfehlung	Diese robuste Sorte ist für Ertragsanlagen und als Baum für den Selbstversorger sehr gut geeignet und kommt auch für den Waldbau infrage. Erfüllt alle Vermarktungskriterien.

Name	**´Moselaner Walnuss´** (Nr. 120)
Herkunft	Deutschland, Güls an der Mosel
Wuchs	Sehr stark wachsend mit breit runder Krone und lockerem Kronenaufbau. Im Freistand entstehen fast immer leicht gekrümmte Stämme. Bei Magdeburg sind die ausladenden, sparrigen Kronen wegen ihres ungleichmäßigen Aufbaus schwer in Form zu bringen. Ihre unteren dicken Äste hängen nach einigen Jahren in die Arbeitsgasse und erschweren die Pflegearbeiten.
Blattkrankheiten	Je nach Witterung und Standort kaum bis sehr empfindlich gegen bakterielle Krankheiten. Laut Körber ist sie anfällig für *Marssonina* und Bakterienbrand.
Fertilität	Männliche Blüten vor weiblichen ohne zeitliche Überschneidung, daher unbedingt auf Fremdbefruchtung angewiesen.
Spätfrostgefährdung	Der mittelspäte bis späte Austrieb bewahrt sie in der Regel vor Spätfrösten. Blüte relativ spät.
Winterfrosthärte	Auf stark stickstoffversorgten Äckern ist die Moselnuss sehr winterfrostempfindlich.
Ertragsbeginn	Kommt erst spät in Ertrag
Fruchtfall	Ende September bis Anfang Oktober
Ertragsniveau	Fruchtet reich und regelmäßig
Nussqualität	Großfruchtig (ca. 44 x 36 mm) und 12 g schwer bei ansprechendem Aussehen. Goldgelbe Kerne, ganz gefüllt, teilweise schwer knackbar, mittel auskernbar. Kernanteil 49 %. Guter Geschmack. Die Schale ist mäßig bis tief gefurcht, teilweise schwierig zu säubern. Spätreifende Nüsse lösen sich nicht immer aus der grünen Hülle.
Empfehlung	Wird insbesondere für den Erwerbsanbau empfohlen, manchmal auch für den Anbau im Wald. Laut KÖRBER sollte sie wegen ihrer Nicht-Selbstbefruchtung vorwiegend im Plantagenanbau eingesetzt werden. Sie verträgt auch trockene Standorte und Höhenlagen bis 800 m ü. M., stark stickstoffhaltige Böden dagegen weniger. Ein luftiger Standort ist zu wählen.

Name	´Nyffenegger´
Herkunft	Schweiz, Wädenswil
Wuchs	Mittelstark, Fruchtstand in Gruppen und möglicherweise Lateralanteil.
Blattkrankheiten	Recht gesund
Fertilität	k. A.
Spätfrostgefährdung	Austrieb mittelspät
Winterfrosthärte	Soweit die Beobachtungen (10 Jahre): Frostresistent
Ertragsbeginn	k. A.
Fruchtfall	Mitte September
Ertragsniveau	Regelmäßig gut
Nussqualität	Mittelgroß (ca. 41 x 30 mm), schön geformte, helle, mäßig gefurchte Nuss mit hellem Kern. Mehr als 2/3 gefüllt, teilweise schlecht knackbar, gut auskernbar. Intensiv nussig, würzig, kaum Gerbstoffe, angenehme Süße, eher trocken. 18 Monate nach der Ernte geschmacklich immer noch einwandfrei.
Empfehlung	Gilt als eine der wertvollsten Sorten mit ´Franquette´-ähnlichen Eigenschaften und ist Nussfruchtfliegen-tolerant.

Name	´Ockerwitzer Lange´
Herkunft	Deutschland, Dresden-Pillnitz
Wuchs	Mittelstark und ausladend. Krone bei veredelten Bäumen in Höhe und Breite gut ausgeglichen.
Blattkrankheiten	Keine besonderen Anfälligkeiten bekannt
Fertilität	Die männlichen Blüten stäuben meist etwas vor der Vollentwicklung der weiblichen. Selbstbefruchtung ist möglich, eine Bestäubersorte (z.B. ´Seifersdorfer Runde´) steigert aber den Ertrag.
Spätfrostgefährdung	Blütezeit etwa Mitte Mai
Winterfrosthärte	Frostwiderstandsfähigkeit deutlich höher als bei Durchschnittssämlingen.
Ertragsbeginn	Anfangserträge nach etwa 6 Jahren
Fruchtfall	Früh
Ertragsniveau	Hohe Fruchtbarkeit
Nussqualität	Großfruchtig (ca. 50 x 37 mm), Spitze deutlich ausgeprägt und hervortretend. Gewicht für 100 Früchte etwa 1.450 g, Kerne 600 g.
Empfehlung	Kann sehr gut in geschlossenen Pflanzungen angebaut werden und ist auch als repräsentativer Einzelbaum oder für Baumgruppen gut geeignet. Gedeiht auch in höheren Lagen.

Name	´Plovdivski´
Herkunft	Bulgarien, Plovdiv
Wuchs	Etwas weniger stark wüchsig als ´Proslavski´. Bildet eine wohlgeformte Krone.
Blattkrankheiten	Als Jungbaum geringe, später gute Widerstandsfähigkeit gegen bakterielle Krankheiten; wenig Fruchtfliegenbefall; das Laub ist über die gesamte Vegetationsperiode sehr vital.
Fertilität	Protandrisch: männliche vor weiblichen Blüten
Spätfrostgefährdung	Mittelfrüh austreibend (3. Dekade April), Blüte ebenfalls mittel
Winterfrosthärte	k. A.
Ertragsbeginn	Trägt früh, erste Früchte bereits nach 4 Jahren.
Fruchtfall	Etwa in der Mitte der Saison, sehr konzentriert.
Ertragsniveau	Höher als bei ´Proslavski´
Nussqualität	Groß (ca. 42 x 32 mm), länglich, wenig gefurcht und gut knackbar. Helle Schale mit sehr hohem Kernanteil, ausgezeichnetem Aroma und guter Haltbarkeit.
Empfehlung	Sowohl für Holz- als auch für Fruchtnutzung geeignet.

Name	´Proslavski´
Herkunft	Bulgarien, Proslav
Wuchs	Frohwüchsig mit dunkelgrünem, saftigem Laub und mitteldichter, breiter Krone.
Blattkrankheiten	Widerstandsfähig gegen bakterielle Krankheiten. Ihre gesunden Blätter bleiben bis zum ersten Frost am Baum.
Fertilität	Ausgeprägt protandrisch (männliche vor weiblichen), Überlappung nur wenige Tage.
Spätfrostgefährdung	Mittelfrüh austreibend (3. Dekade April), Blüte mittel
Winterfrosthärte	k. A.
Ertragsbeginn	Trägt sehr früh
Fruchtfall	Verhältnismäßig spät
Ertragsniveau	Etwas weniger als ´Plovdivski´
Nussqualität	Geschmacklich sehr gute, große Nuss (ca. 45 x 33 mm), deren zeppelinförmige, wenig gefurchte und dicke Schale einen hohen Kernanteil aufweist. Sehr regelmäßige Nussgröße und kaum kleine Früchte.
Empfehlung	Robuste Sorte mit ausgezeichneter Sortierung und für den Vertrieb geeignete Nussgröße. Begleitende Befruchtersorte ist wichtig.

Name	´Ronde de Montignac´
Herkunft	Frankreich, Dordogne
Wuchs	Mittel bis stark wüchsig, leicht aufstrebende Krone
Blattkrankheiten	Praktisch keine
Fertilität	Weibliche kurz vor vielen männlichen Blüten, gute Überschneidung
Spätfrostgefährdung	Treibt sehr spät aus, kaum spätfrostgefährdet. Blüte spät
Winterfrosthärte	Gut
Ertragsbeginn	Ertrag setzt früh ein
Fruchtfall	Ende September
Ertragsniveau	Regelmäßig mittel bis gut
Nussqualität	Kleine (ca. 32 x 27 mm), rundlich-helle und dickschalige Nuss mit ausgeprägter Nahtwulst, die in ein kleines Spitzchen ausläuft. Mehr als 2/3 gefüllt, eher helle Kerne mit deutlicher Maserung. Leicht knackbar und sehr gut auskernbar. Guter Geschmack, saftig, wenig Gerbstoffe (vor allem im Abgang), gute Süße und wenig ölig.
Empfehlung	Robuste Sorte, sehr wichtig als Befruchtersorte. Sehr gut für die Ölproduktion und die Vermarktung von Kernen geeignet, die ganze Nuss ist für den Markt eher zu klein.

Name	**´Rote Donaunuss´** (Nr. 1239)
Herkunft	Österreich, Ybbs an der Donau
Wuchs	Mittel bis stark wachsend, baut einen kräftigen Baum auf und bildet eine große Krone. Meist einzeln stehende Nüsse.
Blattkrankheiten	Anfällig für Bakterienkrankheiten
Fertilität	Kommt ohne Fremdbefruchtung aus
Spätfrostgefährdung	Früher bis mittelfrüher Austrieb mit etwas späterer Blüte. Spätfrostgefährdet.
Winterfrosthärte	k. A.
Ertragsbeginn	k. A.
Fruchtfall	Ende September
Ertragsniveau	Schwache bis gute Erträge, je nach Spätfrostausfällen. Andernorts regelmäßige und reiche Erträge.
Nussqualität	Früchte der Nr. 1239 sind relativ klein bis mittelgroß (ca. 34 x 23 mm), regelmäßig länglich oval gebaut und gut gefüllt. Schale eher dünn, glatt, fest und gut geschlossen, lässt sich relativ gut knacken. Der dunkelrote, dekorative Kern füllt die Schale voll aus und löst sich leicht heraus. Geschmack unauffällig bis neutral, teilweise gut.
Empfehlung	Die rote Kernhaut macht diese Sorte z.B. für Konditoren interessant. Der Anbau sollte auf günstige Lagen beschränkt bleiben, um das Risiko von Krankheiten und Spätfrösten zu minimieren.

Name	**´Rote Gubler´**
Herkunft	Schweiz, Hörhausen
Wuchs	Stark wüchsig, Krone hoch gebaut
Blattkrankheiten	Leichte Anfälligkeit für *Marssonina* und Bakteriosen
Fertilität	Protandrisch, Fruchtstand mit 1–3 Nüssen pro Ansatz
Spätfrostgefährdung	Austrieb mittelfrüh, Blüte mittelfrüh
Winterfrosthärte	k. A.
Ertragsbeginn	Setzt früh ein
Fruchtfall	Ende September/Anfang Oktober
Ertragsniveau	Mittlere bis hohe Erträge
Nussqualität	Mittelgroß (ca. 41 x 34 mm), eher helle, mäßig gefurchte Nuss. Mehr als 2/3 gefüllt, leicht knackbar, gut auskernbar. Intensiv nussig, wenig Gerbstoffe. Angenehme Süße, relativ ölig.
Empfehlung	Spezielle Sorte mit attraktiven roten Kernen.

Name	**´Rubis´** (Noix Rouge)
Herkunft	Frankreich, Département Isère
Wuchs	Mittel
Blattkrankheiten	Wenig anfällig
Fertilität	k. A.
Spätfrostgefährdung	Früher Austrieb, daher spätfrostgefährdet
Winterfrosthärte	k. A.
Ertragsbeginn	k. A.
Fruchtfall	Mitte September
Ertragsniveau	Mittel
Nussqualität	Attraktiver, tiefroter Kern, guter Geschmack
Empfehlung	Für Liebhaber im Privatbereich geeignet

Name	´Scharsch´
Herkunft	Amerikanische Selektion von ´Franquette´
Wuchs	Mittelstark wachsend. Fruchtstand meist einzeln
Blattkrankheiten	Krankheitsanfälligkeit gering
Fertilität	Männliche nur kurz vor weiblichen Blüten, gute Überschneidung
Spätfrostgefährdung	Spät bis mittelspät austreibend, Blüte spät. Ohne Spätfrostschäden
Winterfrosthärte	Gut
Ertragsbeginn	Eher spät
Fruchtfall	Ende September bis Anfang Oktober
Ertragsniveau	Gute bis sehr gute Erträge, höher als bei ´Franquette´
Nussqualität	Mittelgroß (ca. 43 x 35 mm), eiförmig mit deutlich hervortretender Spitze. Schale dünn, aber fest geschlossen. Vollkernig und gut zu öffnen, guter Geschmack von mild bis leicht herb.
Empfehlung	Sehr gute Tafelnuss und gute Befruchtersorte. Auch für klassisch ungünstige Lagen geeignet, da kaum spätfrostgefährdet. Äußerst tolerant gegenüber der Walnussfruchtfliege.

Name	´Seifersdorfer Runde´
Herkunft	Deutschland, Seifersdorf bei Dippoldiswalde/Dresden-Pillnitz
Wuchs	Wächst zügig und bildet einen wunderschönen geraden Stamm. Hochpyramidal (bei Magdeburg eher kugelig), im unteren Bereich herabhängende Äste. Bei Sturm schlagen die Früchte aneinander und werden beschädigt. Folge: Infektionen (schwarze Nüsse).
Blattkrankheiten	Widersprüchliche Angaben. Bei Magdeburg mittelmäßig widerstandsfähig gegen Blattkrankheiten, sodass es häufig schon während der Nussernte zum Blattfall kommt, was das Auflesen sehr erschwert.
Fertilität	Männliche und weibliche Blüten fast gleichzeitig, daher meist Selbstbefruchtung.
Spätfrostgefährdung	Früh austreibend (vor allem im Flachland). Blüte mittelfrüh. Kaum Spätfrostschäden
Winterfrosthärte	Früher Triebabschluss, sehr widerstandsfähig gegen Winterfröste
Ertragsbeginn	Etwa 6 Jahre nach Veredlung
Fruchtfall	Ende September bis Anfang Oktober
Ertragsniveau	Gute bis sehr gute Erträge. Durch die frühe Blüte ist die ´Seifersdorfer Runde´ aber eine sehr unsichere Trägerin.
Nussqualität	Eher kugelige, mittelgroße (ca. 37 mm x 33 mm), vollkernige und wohlschmeckende Früchte. Schale glatt, hell, dünn und fest, daher leicht knackbar. Der relativ dunkle Kern ist gut auskernbar und kräftig im Geschmack.
Empfehlung	Bietet sich als hochstrebende Wuchsform für engere Pflanzungen (8 x 8 m) wie auch für die Forstwirtschaft an. Stellt keine hohen Ansprüche an den Boden. Reift auch in Höhenlagen bis 800 m ü. NN noch sehr gut aus. Für Spätfrostlagen aber eher ungeeignet.

Name	´Silistrenski´
Herkunft	Bulgarien, Silistra an der Donau
Wuchs	Moderat wüchsig
Blattkrankheiten	Wenig, ziemlich robust
Fertilität	Protandrisch → männliche vor weiblichen Blüten
Spätfrostgefährdung	Blüte mittelspät
Winterfrosthärte	Winterhart, frostunempfindlich
Ertragsbeginn	Trägt früh
Fruchtfall	Ende September
Ertragsniveau	Gut
Nussqualität	Mittelgroß (ca. 38 x 28 mm), ausgesprochen gleichförmig und 11 g schwer. Einzigartige Schale mit Grübchen und ganz feinen Spitzen, eher dunkel. Elliptisch mit gutem Nahtschluss und mitteldicker Schale. Relativ dunkle Kerne, die gut knack- und auskernbar sind und ein gutes Nuss-/Schalenverhältnis haben.
Empfehlung	Für Kontinentalklimate vermutlich gut geeignet

Name	**´Spreewalder Walnuss´** (Nr. 286)
Herkunft	Deutschland, Straupitz im Spreewald
Wuchs	Mittlere Wuchsstärke; bildet eine etwa kugelförmige, mitteldichte Krone. Baum verkahlt leicht, wenn er nicht beschnitten wird.
Blattkrankheiten	Anfälligkeit gegenüber *Marssonina* ist relativ hoch.
Fertilität	Männliche Blüten vor weiblichen, neigt zu Apomixis
Spätfrostgefährdung	Treibt mittelfrüh, je nach Jahr auch später aus. Blüte entsprechend früh bis mittelfrüh, daher oft spätfrostgefährdet.
Winterfrosthärte	Gute Winterfrosthärte
Ertragsbeginn	k. A.
Fruchtfall	Früchte reifen früh
Ertragsniveau	Bei Magdeburg lang gezogener Fruchtfall mit großer Ertragssicherheit, anderswo Ertragsschwankungen.
Nussqualität	Schöne, wohlgeformte, aber mittlere bis kleine Nüsse (ca. 42 x 33 mm) mit gutem Geschmack und etwas verminderter Lagerfähigkeit. 11 g schwer, hell, leicht gefurcht mit gutem Nahtschluss. Mehr als 2/3 bis ganz gefüllt. Die Nüsse haben dünne Schalen und sind relativ ölig, weshalb ihr Geschmack während der Lagerung stark nachlässt.
Empfehlung	Die Spreewaldnuss ist für den Hausgarten geeignet. Hat sich sowohl in Gebirgslagen als auch auf relativ armen und trockenen Standorten bewährt. Im warmen Weinbauklima auf guten Böden oft Spät- und Frühfrostschäden. Für den Erwerbsanbau ist sie leider zu klein und die Schale oft nicht fest genug.

Name	**´Sychrov´**
Herkunft	Sychrov, Tschechische Republik
Wuchs	Der Baum wächst üppig, die Krone wird mittelgroß.
Blattkrankheiten	k. A.
Fertilität	k. A.
Spätfrostgefährdung	k. A.
Winterfrosthärte	k. A.
Ertragsbeginn	k. A.
Fruchtfall	k. A.
Ertragsniveau	Mittel bis groß und regelmäßig
Nussqualität	Die Frucht ist mittelgroß, oval mit karminrotem Kern. Die Schale ist dünn und fast glatt. Der Kern hat eine mittlere Größe und löst sich gut aus der Schale. Der Geschmack ist süßlich, sehr gut.
Empfehlung	Die Sorte kann überall gepflanzt werden, sie ist in allen Bereichen geeignet für den Anbau der Walnuss. Diese rote Sorte ist vor allem für Süßwarenzwecke geeignet.

Name	**´Tiszacsecsi 56´** (T 56)
Herkunft	Ungarn, Tiszacsècse
Wuchs	Wächst mittelstark, Kronen sind locker aufgebaut
Blattkrankheiten	In feuchten Jahren kann etwas *Gnomonia*-Blattbräune auftreten.
Fertilität	k. A.
Spätfrostgefährdung	Mittelspäter Austrieb; Blüte frühjahrsfrostsicher
Winterfrosthärte	k. A.
Ertragsbeginn	Schon ab dem 2. Jahr
Fruchtfall	k. A.
Ertragsniveau	Gut bis sehr gut. Dies gilt auch bei Pflanzung als Einzelbaum, wenn kein Befruchter in der Nähe steht.
Nussqualität	Die hellbraune, beidseitig spitzovale, wunderbar geformte Nuss erinnert im Aussehen an die ´Esterhazy I´ bzw. ´Esterhazy II´, ist aber schlanker. Der Kern der T 56 füllt die Schale voll aus und zählt zu den am besten schmeckenden überhaupt.
Empfehlung	In Magdeburg hervorstechende Sorte

Name	**´Tiszacsecsi 83´** (T 83)
Herkunft	Ungarn, Tiszacsècse
Wuchs	Schwaches bis mittleres Wachstum. Bildet nicht nur an den Terminalknospen, sondern auch an den Seitentrieben Früchte aus.
Blattkrankheiten	Mäßig anfällig für Bakterienkrankheiten, generell gesunder Baum und völlig befreit vom Cherry leaf roll virus (CLRV).
Fertilität	Vormännlich. Selbstbestäubung möglich, blüht zeitgleich mit A 118
Spätfrostgefährdung	Durch den mittelspäten bis späten Austrieb und die späte Blüte nicht frostgefährdet.
Winterfrosthärte	Gut
Ertragsbeginn	Ertrag setzt früh ein
Fruchtfall	Der Erntezeitpunkt ist spät.
Ertragsniveau	Regelmäßig hoch, große Ertragssicherheit – etwa 60 % an Lateraltrieben
Nussqualität	Die Nüsse sind etwas kleiner als mittelgroß, abgestumpft oval, leicht zu knacken und enthalten einen Kern mit feinem Geschmack. Kernanteil 48–52 %, Ölgehalt 68,5 %.
Empfehlung	Braucht guten Standort. In Ungarn wird sie in Plantagen mit bestimmten Sortenkombinationen als Befruchtersorte eingesetzt. Für Erwerbsanlagen gut geeignet.

Name	**´Victoria´**
Herkunft	k. A.
Wuchs	Der Baum wächst üppig, die Krone wird mittelgroß.
Blattkrankheiten	k. A.
Fertilität	k. A.
Spätfrostgefährdung	mittelfrüher Austrieb
Winterfrosthärte	k. A.
Ertragsbeginn	früh
Fruchtfall	k. A.
Ertragsniveau	Regelmäßig gut
Nussqualität	Die Frucht ist sehr groß, breit eiförmig, mit einer dünnen, spitzen Schale. Der Kern ist groß bis sehr groß, hellbraun und gut entkernbar. Der Geschmack ist süß, sehr gut.
Empfehlung	Die Sorte kann für alle Gebiete, in denen Walnüsse gepflanzt werden, empfohlen werden.

Name	´Weinberg 2´
Herkunft	Österreich
Wuchs	Diese Sorte bildet kräftige Triebe mit ausgeprägter Endknospe. Der Wuchs ist mittelstark. Der Standraumbedarf beträgt ca. 80 m^2.
Blattkrankheiten	Gesund, kräftig, mit hoher Widerstandskraft gegen pilzliche (*Marssonina*) und bakterielle (*Xanthomonas*) Blattkrankheiten.
Fertilität	k. A.
Spätfrostgefährdung	Spätfrostgefährdet
Winterfrosthärte	Mittelfrüh austreibend, mit sehr frühem Vegetationsabschluss im Herbst, wodurch eine gute Holzreife und Winterhärte erreicht wird.
Ertragsbeginn	k. A.
Fruchtfall	Ende September
Ertragsniveau	k. A.
Nussqualität	Groß bis sehr groß, länglich, ca. 4,8 cm hoch und 3,2 cm breit, sehr dünne, glatte Schale, fest geschlossen. Der helle Kern füllt die Schale gut aus, der Kernanteil beträgt 50 %. Sehr guter, milder Geschmack, kaum Gerbstoffe, gute Süße, eher trocken.
Empfehlung	Genügsame und robuste Sorte, geeignet für den Hausgarten und zur Bepflanzung von Fluren, auch in etwas trockeneren Lagen und/oder mit weniger guten Bodenverhältnissen. Durch frühe Reifezeit für den Erwerbsobstbau zur Staffelung der Erntezeit geeignet. In Höhenlagen bis 800 m ü. M. anbaubar.

Name	**´Weinheimer Walnuss´** (Nr. 139)
Herkunft	Deutschland, Weinheim an der Bergstraße
Wuchs	Mittel bis stark wachsende Sorte mit etwas dichter, breit eiförmiger Krone. Fruchtstand mit meist 2–3, manchmal mehreren Früchten, die traubenartig herabhängen.
Blattkrankheiten	In geschlossenen Anlagen der Hauptanbaugebiete kann sie durch *Marsonnina* und/oder Bakterienbrand geschädigt werden (in nassen Jahren relativ hoch anfällig).
Fertilität	Fruktifiziert auch ohne Fremdbestäubung, neigt zur Apomixis. Männliche kurz vor weiblichen Blüten.
Spätfrostgefährdung	Mittelfrüh bis mittelspät austreibend mit später Blüte
Winterfrosthärte	Gute Frostresistenz
Ertragsbeginn	Frühzeitig (manchmal schon im Pflanzjahr)
Fruchtfall	Mittel bis spät – in Magdeburg erst im Oktober
Ertragsniveau	Regelmäßig ertragreich
Nussqualität	Qualitativ hochwertige, mittelgroße (ca. 36 x 32 mm), eiförmige und glatte Früchte. Hellschaligste Walnuss im deutschen Sortenspektrum mit gutem Nahtschluss. Kerne ebenfalls hell mit deutlicher Maserung. Vollkernig und wohlschmeckend, gut knack- und auskernbar.
Empfehlung	Diese Sorte ist alljährlich selbst in weniger günstigen Gegenden ein sicherer Träger und wahrscheinlich eine der besten Walnüsse für den Selbstversorger. Sowohl für den Hausgarten als auch für den professionellen Anbau.

Name	*´***Weinsberg 1***´* (251 RH)
Herkunft	Deutschland, Weinsberg bei Heilbronn
Wuchs	Schwach- bis mittelwüchsig. Eher kleine, aber breit ausladende und wohlproportionierte, lockere Krone. Zum Teil traubenförmiger Ansatz.
Blattkrankheiten	Bei Magdeburg gesunde, im satten Grün erscheinende Blätter. In ihrer Heimat in geschlossenen Anlagen etwas anfällig für die *Marssonina*-Blattkrankheit und Bakterienbrand.
Fertilität	Leicht protandrisch (männliche vor weiblichen Blüten), aber weitgehend selbstfruchtbar.
Spätfrostgefährdung	Treibt sehr bis mittelfrüh aus und ist deshalb spätfrostgefährdet
Winterfrosthärte	k. A.
Ertragsbeginn	Früh
Fruchtfall	Ende September bis Anfang Oktober
Ertragsniveau	Mittlere und auch größere Mengen
Nussqualität	Große bis sehr große (ca. 48 x 32 mm), lange, wenig gefurchte Nüsse mit sehr aromatischem Kern, der die Schale gut ausfüllt, aber nicht sehr lange haltbar ist. Ungewöhnlich dick sind die grünen Hüllen. Leider treten bei der ´Weinsberg 1´ vorwiegend im Kroneninneren bis zu 50 % Nüsse auf, die nur etwa die halbe Größe haben und deshalb nicht marktfähig sind.
Empfehlung	In ungünstigen Lagen reifen die Nüsse manchmal nicht ganz aus. Hat als kleinkronigster Baum des Sortiments ihren Platz als Solitär im Hausgarten. Wird im Gebiet um Weinsberg häufig in Plantagen angebaut.

Name	´Wunder von Monrepos´
Herkunft	Deutschland, Geisenheim/Rheingau
Wuchs	Mittlere Wuchsstärke, wohlproportionierte Krone, Fruchtstand büschelförmig
Blattkrankheiten	Gesundes Laub, wenig krankheitsanfällig
Fertilität	Männliche vor weiblichen Blüten
Spätfrostgefährdung	Kaum: später Austrieb und sehr späte Blüte
Winterfrosthärte	k. A.
Ertragsbeginn	Kommt schon nach wenigen Jahren in die Ertragsphase.
Fruchtfall	Spät – Mitte/Ende Oktober
Ertragsniveau	Regelmäßig gute Ernte
Nussqualität	Die mittelgroße (ca. 43 x 28 mm), helle und schlank-ovale Nuss besticht durch eine sehr gute Qualität. Ihre Früchte sind vollkernig, mittelgut knack- und auskernbar und lösen sich hundertprozentig aus der grünen Hülle. Dank der festen, glatten Schale können die Nüsse etwas länger am Boden liegen bleiben, ohne Schaden zu nehmen. Kräftig nussiges Aroma, allerdings teilweise zu klein.
Empfehlung	Robuste Sorte, die sich für klimatisch ungünstigere Lagen und den Einzelstandort eignet. Sehr gute Tafelnuss.

Adressen und Ansprechpartner

Die Nussexperten im deutschsprachigen Raum

Baumschulen

www.walnussmeisterei.de
www.walnussveredlung.de
www.nussspezialist.de
www.suedflora.de
www.riednuss.de
www.klosterhof-walnussveredlung.de
www.nussbaeume.ch
www.walnussbaum.at

Anbauer

www.landwirtschaft-boellersen.de
www.haus-nussgarten.de
www.barbycafe.de
www.obsthof-marckwardt.de
www.obstbaustirm.de

Verarbeitung

www.walnuss-manufaktur.de
www.veikos-manufaktur.ch

Technik

www.feucht-obsttechnik.de

Beratung

www.ig-nuss.de
www.walnussbauern.de
www.walwal.ch
www.dedetec.de

Kontaktdaten zu internationalen Zuchtstationen

BELARUS	
Sender Institution:	Belarusian Research Institute for Fruit Growing, 223013 Samokhvalovitchy Minsk Region, Belarus,Tel: 375 (017) 506 61 49; Fax: 375 (017) 506 61 40
Curator:	LOIKO R.E.
BELGIUM	
Sender Institution:	Université de Liège, Laboratoire d'hormonologie et biologie moléculaire végétales, Institut de Botanique B22, Sart Tilman, 4000 Liège, Belgium Tel/Fax: 32.43.66.38.59; e-mail: c.Kevers@ulg.ac.be
Curator:	GASPAR Th., KEVERS C.
BULGARIA	
Sender Institution:	Fruit Growing Institute, Ostromila 12, Plovdiv 4004, Bulgaria Tel: 359.32.670.157, 770.811; Fax: 359.32.670.808; e-mail: instov@evro.net
Curator:	KORNOVA K.
GERMANY	
Sender Institution:	Geisenheim Research Institute and Applied University, Department of Pomology, Von-Lade-Straße 1, 65366 Geisenheim, Germany
Curator:	JACOB H.
Sender Institution:	Lehr- und Versuchsanstalt für Wein- und Obstbau (LVWO) Weinsberg, Traubenplatz 5; 74189 Weinsberg (Germany), e-mail: obstbau@lvwo.bwl.de
Curator:	MUSTER G.
FRANCE	
Sender Institution:	Institut National de la Recherche Agronomique; Unité de Recherches sur les Espèces Fruitières et la Vigne (UREFV); BP 81; 33883 Villenave d'Ornon Cedex; Tel: 33 5 57 12 24 47; Fax: 33 5 57 12 24 39; e-mail: urefv@bordeaux.inra.fr
Curator:	CHAT Joëlle, DELORT F.
Sender Institution:	Station Expérimentale de Creysse, B.P. 18, 46600 CREYSSE, Tel: 33.5.65.32.22.22; Fax: 33.5.65.32.27.44; e-mail: station.creysse@wanadoo.fr
Curator:	PRUNET J.P.
Sender Institution:	Institut National de la Recherche Agronomique; Unité de Recherches Forestières Méditer ranéennes, Avenue A. Vivaldi; 84000 Avignon, Tel: 33.4.90.13.59.10; Fax: 33.4.90.13.59.59; e-mail: fady@avi-foret.avignon.inra.fr
HUNGARY	
Sender Institution:	Research Institute of Fruitgrowing and Ornementals, Park u.2., 1223 Budapest (Hungary), Tel: 36.1.226.84.22; Fax: 36.1.226.80.37
Curator:	SZENTIVANYI P.

MOLDOVA	
Sender Institution:	Institutul de Cercetari Stiintifice, Selectie si Tehnologii pentru Pomicultura (ICSSTP), Str Costiujeni 14, MD 2019, Chisinau, Republica Moldova Tel: 373 2 774427, 373 2 765551; Fax:373 2 774936 e-mail: dmelnic@iatp.md
Curator:	TURCAN I.P.
ROMANIA	
Sender Institution:	Fruit Research Institute 0312 Pitesti-Maracineni, Romania Tel: 40.048.27.80.66; Fax: 40.048.27.82.92; e-mail: icpp-mar@geostar.ro
Curator:	PARNIA P.
Sender Institution:	Institutul de Cercetare si Productie, Pomicola, Pitesti, Maracineni, Statiunea de Cercetare si Productie Pomicola, Str. Calea Romanilor nr 141, Geoagiu, Cod 2616 Hunedoara, Romania; Tel: 40.54.64.82.35; Fax: 40.54.64.81.80
Curator:	DEACONU I.Gh.
Sender Institution:	Statiunea de Cercetare Dezvoltare Pomicola Vâlcea, Str. Calea Traian nr. 464, Rm. Vâlcea 1000, Romania. Tel/Fax: 40.50.74.86.90; e-mail:stpmvl@onix.ro
Curator:	BOTU M.
Sender Institution:	University of Craiova, Faculty of Horticulture, Pomiculture Dept., Al.I. Cuza Street 13, 1100 Craoiva, Romania; Tel: 40.51.414.541; Fax: 40.51.411.688
Curator:	GODEANU I.
SWITZERLAND	
Sender Institution:	Swiss Federal Research Station, 8820 Wadenswill, Switzerland
Curator:	RUSTERHOLZ P.
UKRAINE	
Sender Institution:	Ministry of Science of Ukraine; Institute of Horticulture of the Ukrainian Academy of the Agrarian Sciences - Prydnistrovs¢ka Research Station of the Institute of Horticulture, 6, Sadova Street, 03027, Kyiv-27, Ukraine Tel: 380 266.65.48; Fax: 380 266.65.49; e-mail: ih@uaas.relc.com
Curator:	KONDRATENKO P.
USA	
Sender Institution:	University of California, Department of Horticulture, Davis, CA 95616, USA
Curator:	MC GRANAHAM G. e-mail: ghmcgranahan@ucdavis.edu

Literaturverzeichnis

AAS, Gregor (2008): Die Walnuss (*Juglans regia*): Systematik, Verbreitung und Morphologie. In: Beiträge zur Walnuss. BAYERISCHE LANDESANSTALT FÜR WALD UND FORSTWIRTSCHAFT (LWF) (Hrsg.), Freising, 5–10

ATTESLANDER, Peter (1995): Methoden der empirischen Sozialforschung. 8. bearbeitete Auflage; Sammlung Göschen de Gruyter; Berlin, New York

BECQUEY, J. (1997): Les noyers à bois (ISBN 2 904740 55 4). Herausgeber: Institut pour le developpement forestier. Deutsche Übersetzung durch Anneliese Kolb und Christoph Jasser: Nussbäume zur Holzproduktion. Zu beziehen unter www.waldveredelung.at

BÖHNER, Walter (2007): Erfahrungen beim Anbau der Walnuss im mitteldeutschen Raum. In: Grüner Anzeiger 5/2007, Selbstverlag Neugebauer+Haberland GbR, Hamburg, 4–9

BÖHNER, Walter (2008): Erfahrungen mit Walnussplantagen im mitteldeutschen Raum In: Die Walnuss (*Juglans regia* L.) – Baum des Jahres 2008. ZENTRALSTELLE DER FORSTVERWALTUNG (ZdF), FORSCHUNGSANSTALT FÜR WALDÖKOLOGIE UND FORSTWIRTSCHAFT RHEINLAND-PFALZ (FAWF) (Hrsg.), Trippstadt, 81–104

BURGER, H. (1944): Der Nussbaum als Waldbaum. Schweiz. Zeitschrift für Obst und Weinbau,

CALIFORNIA WALNUT GROWERS ASSOCIATION (Hrsg.) (1931): California Walnuts. Los Angeles

DEDERICHS, Uwe (2013): Walnussanbau 2012. In: Obst & Garten 2/2013, Eugen Ulmer KG, Stuttgart, 4–6

EHRING, A.; KELLER, O. (2006): Wertholzproduktion mit Nussbäumen. AFZ-Der Wald 19, 1034–1037

EHRING, Andreas & KELLER, Oswald (2008): Nussbäume zur Wertholzproduktion. In: Beiträge zur Walnuss. BAYERISCHE LANDESANSTALT FÜR WALD UND FORSTWIRTSCHAFT (LWF) (Hrsg.), Freising, 30 - 36

FISCHER F. (1953): Die Nachzucht des Nußbaumes als Waldbaum. Mitteilungen der EAFV 267–291

FOOD AND AGRICULTURE ORGANIZATION OF THE UNITED NATIONS (FAO) (Hrsg.) (2013): Food and Agricultural commodities production. Online im Internet: http://faostat.fao.org/site/339/default.aspx [Stand 15.8.2013]

FRANKE, Ehrenfried (1992): Nutzpflanzenkunde – Nutzbare Gewächse der gemäßigten Breiten, Subtropen und Tropen. 6. überarbeitete und erweiterte Auflage. Georg Thieme Verlag, Stuttgart

FRIEDRICH, Gerhard; SCHURICHT, Werner (1988): Nüsse und Quitten. Neumann Verlag Leipzig, Radebeul

GERMAIN, Eric; PRUNET, Jean-Paul; GARCIN, A. (1999): Le Noyer. Editions Centre techniques interprofessionnel des fruits et légumes (Hrsg.), Paris

GROSSER, Dietger; JESKE, Hauke (2008): Das Holz der Walnuss – Eigenschaften und Verwendung. In: Beiträge zur Walnuss. BAYERISCHE LANDESANSTALT FÜR WALD UND FORSTWIRTSCHAFT (LWF) (Hrsg.), Freising, 44–50

GUBLER, Christof (2013): Produktion von Walnüssen und Nachfrage in der Schweiz. Bachelorarbeit am Institute for Environmental Decisions, Eidgenössische Technische Hochschule Zürich, Zürich

GUHDE, Annette (1988): Der Walnussanbau in Baden-Württemberg. Diplomarbeit am Lehrstuhl für Obstbau, Fakultät für Landwirtschaft und Gartenbau Freising-Weihenstephan, Technische Universität München, Weihenstephan und Weinsberg

HINRICHS-BERGER, Jan (2009): Walnuss – Krankheiten und Schädlinge. In: Obst & Garten 2/2009, Eugen Ulmer KG, Stuttgart, 56–58

JACOB, H. (1993): Walnüsse und Haselnüsse. Erfahrungen und Möglichkeiten für den erwerbsmäßigen Anbau. 4. Wildfruchttagung, SLVA Ahrweiler/Mayen
JACOB, Helmut (2008): Walnussforschung – Aufgaben und Ziele. In: Die Walnuss (*Juglans regia* L.) – Baum des Jahres 2008. ZENTRALSTELLE DER FORSTVERWALTUNG (ZdF), FORSCHUNGSANSTALT FÜR WALDÖKOLOGIE UND FORSTWIRTSCHAFT RHEINLAND-PFALZ (FAWF) (Hrsg.), Trippstadt
JACOB, Helmut (2012): Obst. 15., veränderte Neuauflage. Aid Infodienst Ernährung, Landwirtschaft, Verbraucherschutz e.V. (Hrsg.), Bonn, 39–50
JANSCHECK, Thomas (2008): Die „Welsche Nuss" – Geschichte und Geschichten einer „Zugereisten". In: Die Walnuss (*Juglans regia* L.) – Baum des Jahres 2008. ZENTRALSTELLE DER FORSTVERWALTUNG (ZdF), FORSCHUNGSANSTALT FÜR WALDÖKOLOGIE UND FORSTWIRTSCHAFT RHEINLAND-PFALZ (FAWF) (Hrsg.), Trippstadt, 59–63
JANSEN, Catrin (1986): Die Walnuss – Grundlagen für den Erwerbsanbau in der Bundesrepublik Deutschland. Diplomarbeit am Lehrstuhl für Obstbau, Fakultät für Landwirtschaft und Gartenbau Freising-Weihenstephan, TU München, München
KÖNEMAN, Ewald (1978): Nußbau in allen Lagen. 2., verbesserte Auflage. Braumüller Universitäts-Verlagsbuchhandlung GmbH, Wien
KÖRBER, Klaus (2008): Gärtnerische Aspekte zur Walnuss. In: Beiträge zur Walnuss. BAYERISCHE LANDESANSTALT FÜR WALD UND FORSTWIRTSCHAFT(LWF)(Hrsg.),Freising, 16–25
LAGONI, Norbert (2008): Der Walnussbaum – nützlich für Pharmazie und Medizin. In: Beiträge zur Walnuss. BAYERISCHE LANDESANSTALT FÜR WALD UND FORSTWIRTSCHAFT (LWF) (Hrsg.), Freising, 54–58
LAMNEK, Siegfried (2005): Qualitative Sozialforschung, 4. vollständig überarbeitete Auflage; Beltz Verlag; Weinheim, Basel
LANGER, Juliane; VON BARGEN, Susanne; BANDTE, Martina und HAMACHER, Joachim (2010): Auftreten und Bedeutung des Cherry leaf roll virus. In: Jahrbuch der Baumpflege 2010. Hrsg. v. Dirk Dujesiefken, 237–244
LINDEMANN, Helga: Technik der Walnussveredlung. In: Die Walnuss (*Juglans regia* L.) – Baum des Jahres 2008. ZENTRALSTELLE DER FORSTVERWALTUNG (ZdF), FORSCHUNGSANSTALT FÜR WALDÖKOLOGIE UND FORSTWIRTSCHAFT RHEINLAND-PFALZ (FAWF) (Hrsg.), Trippstadt, 73–80
LÜTHY, H.; EHRING, A. (2008): Anbauversuch mit autochthonen Walnussbäumen. AFZ-Der Wald 16, 852–854
MAURER, Kornelius Julius (1968): Schalenobst-Anbau. Walnuß – Haselnuß – Edelkastanie – Mandel. Eugen Ulmer Verlag, Stuttgart
MAYRING, Philipp (2002): Einführung in die qualitative Sozialforschung, 5. Auflage; Beltz Verlag, Weinheim und Basel
METTENDORF, Bernhard (2008): Erfahrungen im Anbau mit Hybridnüssen. In: Die Walnuss (*Juglans regia* L.) – Baum des Jahres 2008. ZENTRALSTELLE DER FORSTVERWALTUNG (ZdF), FORSCHUNGSANSTALT FÜR WALDÖKOLOGIE UND FORSTWIRTSCHAFT RHEINLAND-PFALZ (FAWF) (Hrsg.), Trippstadt, 61–72
RAMOS, David (1997): Walnut production manual. University of California (Hrsg.), Division of Agriculture and Natural Resources, Oakland
ROLOFF, Andreas (2008): Interessantes zur Biologie, Ökologie und Verwendung. In: Die Walnuss (*Juglans regia* L.) – Baum des Jahres 2008. ZENTRALSTELLE DER FORSTVERWALTUNG (ZdF), FORSCHUNGSANSTALT FÜR WALDÖKOLOGIE UND FORSTWIRTSCHAFT RHEINLAND-PFALZ (FAWF) (Hrsg.), Trippstadt, 19–38
ROTACH, P. (1994): Walnuss-Provenienzversuch der Professur für Waldbau ETH Zürich. Unveröffentlicher Exkursionsführer zur Jahrestagung der IG Nuss vom 12.–15. Mai 1994
RUES, Franz (2011): Walnussanbau. In: Obst & Garten 10/2011, Eugen Ulmer KG, Stuttgart, 374–377

SCHAARSCHMIDT, Horst (2006): Die Walnussgewächse – Juglandaceae. 3. Auflage, unveränderter Nachdruck der 2. Auflage von 1999. Westarp Wissenschaften-Verlagsgesellschaft mbH, Hohenwarsleben

STATION EXPERIMENTALE DE CREYSSE (Hrsg.) (2005): La taille du noyer Conseils techniques – Fiche technique noix – n°15. Online im Internet: http://www.noixsudouest.fr/imgmaj/25/2005%20-15-Taille.pdf [Stand 20.8.2013]

STATION EXPERIMENTALE DE CREYSSE (Hrsg.) (2005): L'irrigation du noyer – Fiche technique noix – n°14. Online im Internet: http://www.noixsudouest.fr/imgmaj/ 25/2005-14%20-Irrigation.pdf [Stand 20.8.2013]

STATION D'EXPERIMENTATION NUCICOLE RHÔNE-ALPES (SENURA) (Hrsg.) (2011): Lutte contre les ravangeurs et maladies. Forschungsergebnisse online im Internet: http://senura.com/index.php/travaux-noyer/lutteravageurs [Stand 20.8.2013]

STATISTISCHES BUNDESAMT (DESTATIS) (Hrsg.) (2003): Landwirtschaftliche Bodennutzung 2002 – Baumobstflächen – Fachserie 3 Reihe 3.1.4, Wiesbaden

STATISTISCHES BUNDESAMT (DESTATIS) (Hrsg.) (2005): Landwirtschaftliche Bodennutzung und pflanzliche Erzeugung 2003 – Fachserie 3 Reihe 3, Wiesbaden

STATISTISCHES BUNDESAMT (DESTATIS) (Hrsg.) (2006): Presseportal, Wiesbaden. Online im Internet: http://www.presseportal.de/pm/32102/907307/zahl-der-woche-mehr-als-die-haelfte-der-walnussimporte-kommt-aus-den-usa [Stand 15.8.2013]

STRACKE, Berenike (2008): Ernährungsphysiologische Wirkung von Walnüssen. In: Die Walnuss (*Juglans regia* L.) – Baum des Jahres 2008. ZENTRALSTELLE DER FORSTVERWALTUNG (ZdF), FORSCHUNGSANSTALT FÜR WALDÖKOLOGIE UND FORSTWIRTSCHAFT RHEINLAND-PFALZ (FAWF) (Hrsg.), Trippstadt, 105–110

STRITZKE, Siegfried (1961): Wal- und Haselnüsse. Deutscher Landwirtschaftsverlag, Berlin

WIEDEMANN, Peter M. (1986): Erzählte Wirklichkeit. Zur Theorie und Auswertung narrativer Interviews. Psychologie Verlags Union, Weinheim/München

WINTER, Fritz (2002): Lucas' Anleitung zum Obstbau. Eugen Ulmer GmbH & Co., Stuttgart

Abbildungs-Quellenverzeichnis

[Stand der Internetquellen vom 18.09.13]

Abb. 1 - URL: http://blog.nz-online.de/lieb/files/2010 /12/bamberg2.jpg
Abb. 2 - URL: http://upload.wikimedia.org/wikipedia/commons/e/e5/Nussknacker.jpg
Abb. 3 - URL: http://www.wdr2.de/service/nikolausteller100_v-TeaserAufmacher.jpg
Abb. 4 - URL: http://forum.garten-pur.de/attachments/gesundesHolz_walnuss.jpg
Abb. 5 - Schaarschmidt 2006, S. 31/33
Abb. 6 - Körber 2008, S. 12
Abb. 7 - Schaarschmidt 2006, S. 59
Abb. 8 - Maurer 1968, S. 28
Abb. 9 - Schaarschmidt 2006, S. 70
Abb. 10 - Excel, V. Böllersen, Aug. 2013, unveröffentlicht
Abb. 11 - Excel, V. Böllersen, Aug. 2013, unveröffentlicht
Abb. 12 - GIS, Dr. Caroline Schleier, Sept. 2013, HNEE, unveröffentlicht
Abb. 13 - GIS, Dr. Caroline Schleier, Sept. 2013, HNEE, unveröffentlicht
Abb. 14 - V. Böllersen, 26.6.2013, unveröffentlicht
Abb. 15 - Körber 2008, S. 18
Abb. 16 - Körber 2008, S. 18
Abb. 17 - Körber 2008, S. 18

Abb. 18 - V. Böllersen, 29.6.2013, unveröffentlicht
Abb. 19 - Böhner 2008, S. 89
Abb. 19 - a+b V. Böllersen, 28./29.6.2013, unveröffentlicht
Abb. 20 - LfL Tier und Technik Kirchmeier-ILT 1-2011-8
Abb. 21 - Stat. expérim. de Creysse
Abb. 22 - Stat. expérim. de Creysse
Abb. 23 - Jacob 2008, S. 48
Abb. 24 - V. Böllersen, unveröffentlicht
Abb. 25 - V. Böllersen, unveröffentlicht
Abb. 26 - LfL Tier und Technik Kirchmeier-ILT 1-2011-8
Abb. 27 - LfL Tier und Technik Kirchmeier-ILT 1-2009-17
Abb. 28 - http://www.fructus.ch/downloads/ernte--trocknung--lagerung.pdf
Abb. 29 - V. Böllersen, unveröffentlicht
Abb. 30 - Obsttechnik Feucht, persönliche Mitteilung
Abb. 31 - http://www.idfmoebel.de/klassische-luxus-schraenke/1300.htm
Abb. 32 - Ehring & Keller 2008, S. 33
Abb. 33 - Becquey 1997, S. 121
Abb. 34 - Ehring & Keller 2008, S. 30
Abb. 35 - V. Böllersen, unveröffentlicht
Abb. 36 - V. Böllersen, unveröffentlicht
Abb. 37 - V. Böllersen, unveröffentlicht
Abb. 38 - http://www.atlasplantpathogenicbacteria.it/fruit09/Apical%20sezione.jpg
Abb. 39 - http://pflanzenschutzdienst.rp_giessen.de/fileadmin/infothek/obst/walnuss/marssonina_krankheit/walnussmarssonina1-800x600.jpg
Abb. 40 - Becquey 1997, S. 33
Abb. 41 - http://beta-media.padil.gov.au/species/136659/4724-large.jpg
Abb. 42 - http://www.news.admin.ch/NSBSubscriber/message/attachments/20720.jpg
Abb. 43 - http://www.vtgl.ch/documents/thurgauerbauer/gmaden_walnussfruchtfliege.JPG
Abb. 44 - V. Böllersen, 28.6.2013, unveröffentlicht
Abb. 45 - V. Böllersen, unveröffentlicht
Abb. 46 - http://pflanzenschutzdienst.rp-giessen.de/pflanzenschutzinfothek/obst/walnuss/filzgallmilbe/
Abb. 47 - http://www.pflanzengallen.de/gallen/bilder/0434-juglans3opt.jpg
Abb. 48 - V. Böllersen, unveröffentlicht
Abb. 49 - V. Böllersen, unveröffentlicht
Abb. 50 - http://www.natur-beobachtungen.de/files/intelligente-kraehen/kraehe_nuss.jpg
Abb. 51 - V. Böllersen, unveröffentlicht
Abb. 52 - V. Böllersen, unveröffentlicht
Abb. 53 - V. Böllersen, unveröffentlicht
Abb. 54 - GOOGLE-Shopping-Ergebnisse vom 13.02.2016
Abb. 55 - V. Böllersen, unveröffentlicht
Abb. 56 - V. Böllersen, unveröffentlicht
Abb. 57 - V. Böllersen, unveröffentlicht
Abb. 58 - V. Böllersen, unveröffentlicht
Abb. 59 - V. Böllersen, unveröffentlicht
Abb. 60 - V. Böllersen, unveröffentlicht
Abb. 61 - V. Böllersen, unveröffentlicht

ELLER-BERNDL: HERZRATENVARIABILITÄT